5G+智能电站

——国家能源集团5G技术应用案例集

刘国跃◎主编

中国石化出版社

·北 京·

图书在版编目（CIP）数据

5G+ 智能电站：国家能源集团 5G 技术应用案例集 / 刘国跃主编 . — 北京：中国石化出版社，2024.1

ISBN 978-7-5114-7365-3

Ⅰ. ① 5… Ⅱ. ①刘… Ⅲ. ①第五代移动通信系统 – 智能技术 – 应用 – 电站 – 案例 – 汇编 – 中国 Ⅳ. ① TM62-39

中国国家版本馆 CIP 数据核字（2024）第 011610 号

中国石化出版社出版发行

地址：北京市东城区安定门外大街 58 号

邮编：100011　电话：（010）57512500

发行部电话：（010）57512575

http：//www.sinopec-press.com

E-mail：press@sinopec.com

北京富泰印刷有限责任公司印刷

全国各地新华书店经销

*

787 × 1092 毫米 16 开本 9.5 印张 173 千字

2024 年 1 月第 1 版　2024 年 1 月第 1 次印刷

定价：68.00 元

编委会

序　言

PREFACE

2020年8月，国务院国资委印发《关于加快推进国有企业数字化转型工作的通知》，要求充分发挥国有企业新基建主力军优势，积极开展5G等新型基础设施投资和建设，带动产业链上下游及各行业开展新型基础设施的应用投资，丰富应用场景，拓展应用效能，加快形成赋能数字化转型、助力数字经济发展的基础设施体系。2021年6月，国家发改委、国家能源局等四部委联合印发《能源领域5G应用实施方案》，明确指出5G是支撑能源转型的重要战略资源和新型基础设施。2021年7月，国家工信部等十部委印发《5G应用“扬帆”行动计划（2021—2023年）》，提出加快利用5G改造工业内网，打造5G全连接工厂标杆，形成信息技术网络与生产控制网络融合的网络部署模式，推动“5G+工业互联网”服务于生产核心环节。

随着“云、大、物、移、智、芯、边、端、链、量”等先进技术迅猛发展，电厂设计、施工、运行、维护、检修、安防、检测等工作均向着智能化发展，电厂各业务场景对无线网络覆盖需求迫切，对无线网络质量、时延、带宽、数据保密、网络控制权等提出了更高要求。5G作为新一代通信技术，其大带宽、低时延、大连接特征契合了电站的通信需求。5G专网已成为电厂数字化转型新引擎，部署5G专网成为电厂拓展生产效能、提速数字化转型的必要技术手段。运营商可根据电厂业务需求提供定制化的5G专网服务，在业务安全、数据隔离、网络覆盖、传输带宽与时延等方面提供网络保障。

本书详细介绍了国家能源集团所属火电、水电、新能源等多种类型电厂5G建设的技术路线和四大5G+智能电站典型应用场景。在技术路线优化设计及设备选型方面，对自建和租赁建设模式的选择、5G网络架构的组成、逻辑切片和硬切片使用方案、宏基站和室分基站的部署方式等提出了建议。从终端接入安全、传输安全、核心网安全、接入边界安全、安全管理五大方面对5G网络安全提出了建设要求。本书还从控制系统、设备运行、安全应急、智慧管理四大领域详细列举了5G+智能电站典型应用场景。精选集团17家电厂的5G建设项目案例，从项目概况、技术路线、应用场景、主要成效等多个方面总结成果和项目经验，为集团公司所属电厂后续开展5G项目提供借鉴，进一步推动智能电站与智慧企业建设。

目录

CONTENTS

CHAPTER 第1章 ONE

术语、定义、缩略语

1.1 术语、定义

1.1.1 5G（5th Generation Mobile Communication Technology，第五代移动通信技术）

5G是具有高速率、低时延和大连接特点的新一代宽带移动通信技术，5G通信设施是实现人机物互联的网络基础设施。

国际电信联盟定义了5G的三大类应用场景，即增强移动宽带（eMBB）、超高可靠低时延通信（uRLLC）和海量机器类通信（mMTC）。增强移动宽带主要面向移动互联网流量爆炸式增长，为移动互联网用户提供更加极致的应用体验；超高可靠低时延通信主要面向工业控制、远程医疗、自动驾驶等对时延和可靠性具有极高要求的垂直行业应用需求；海量机器类通信主要面向智慧城市、智能家居、环境监测等以传感和数据采集为目标的应用需求。

1.1.2 SA（Standalone，独立组网）

SA是一种5G网络模式，又叫作“独立组网模式”，另一种网络模式是NSA（非独立组网）。NSA依靠4G网络设施来提供更快的速度和更高的数据带宽。SA直接采用5G核心网络架构，直接让5G终端接入5G基站再接入5G核心网，是真正的5G网络，其5G网络拥有专用的5G设施，所以说5G SA是独立网络，独立于4G网络。5G NR直接接入5G核心网（5G Core），它不再依赖4G，是完整独立的5G网络。SA网络结合切片技术使得整个网络可以按需定制，对无线网、承载网、核心网进行端到端的资源隔离，提供网络可靠性、时延抖动、安全隔离等方面差异化SLA保障，满足不同行业对网络能力的定制化服务需求。

1.1.3 NR（New Radio，新无线 / 新空口）

NR，其全称为New Radio，也被称为新无线 / 新空口，就是5G的无线网。

一般移动通信技术主要分成无线网和核心网两个部分，5G的无线网技术变化很大，事实上正是因为无线网的新技术引进才使得5G能实现远超4G的高速率，所以5G的无线网被叫作NR，全新的无线（空口）。由于5G无线网比较关键，有的时候也把5G直接叫作NR，很多文献中都是用NR代指5G。

5G NR是基于OFDM的全新空口设计的全球性5G标准，也是下一代非常重要的蜂窝移动技术基础。

1.1.4 5GC（5G Core，5G核心网）

5G核心网（5GC）是5G移动网络的核心。它为最终用户建立可靠、安全的网络连接，并提供对其服务的访问。核心域处理移动网络中的各种基本功能，例如连接性和移动性管理、身份验证和授权、用户数据管理和策略管理等。

UPF（User Plane Function），用户面功能，是3GPP 5G核心网系统架构的重要组成部分，主要负责5G核心网中用户面数据包的路由和转发、数据和业务识别、动作和策略执行、QoS流映射和流量使用上报相关功能。

AMF（Access and Mobility Management Function），接入和移动性管理功能，执行注册、连接、可达性、移动性管理。为UE和SMF提供会话管理消息传输通道，为用户接入时提供认证、鉴权功能，终端和无线的核心网控制面接入点。

AMF分配5G-GUTI，AMF选择SMF。

SMF（Session Management Function），会话管理功能，负责隧道维护、IP地址分配和管理、UPF选择、策略实施和QoS中的控制、计费数据采集、漫游等。

PCF（Policy Control Function），策略控制功能，是一个标准的5GC网元，从UDM获得用户签约的策略，并下发到AMF、SMF等，再由AMF、SMF进一步下发到UE、RAN和UPF。PCF以此来提供基于Policy（策略）的决策机制和基于Flow的Charging（计费）功能。

UDM（The Unified Data Management），统一数据管理功能，包括3GPP AKA认证、用户识别、访问授权、注册、移动、订阅、短信管理等。

NEF（Network Exposure Function），网络开放功能，开放各NF的能力，转换内外部信息。用于边缘计算场景。

NSSF（The Network Slice Selection Function），网络切片选择功能，根据UE的切片选择辅助信息、签约信息等确定UE允许接入的网络切片实例。

1.1.5 MEC（Multi-access Edge Computing，多接入边缘计算）

MEC是ETSI标准组织提出的概念，即多接入边缘计算，一种在相比数据中心更靠近终端用户的边缘位置，提供用户所需服务和云计算功能的网络架构。将应用、内容和核心网部分业务处理和资源调度的功能一同部署到靠近终端用户的网络边缘节点，通过业务靠近用户处理，以及应用、内容与网络的协同，为用户提供可靠、极致的业务体验。

1.1.6 SBA（Service-Based Architecture，服务化架构）

5G核心网采用了更方便、灵活的垂直行业架构，即SBA。在面向业务的5G网络架构（SBA）中，控制面的功能进行了融合和统一，同时控制面功能也分解成为多个独立的网络服务，这些独立的网络服务可以根据业务需求进行灵活的组合。每个网络服务和其他服务在业务功能上解耦，并且对外提供同一类型的服务化接口，向其他调用者提供服务，将多个耦合接口转变为同一类型的服务化接口，可以有效地减少接口数量，并统一服务调用方式，进而提升了网络的灵活性。

1.1.7 NFV（Network Function Virtualization，网络功能虚拟化）

NFV 是一种关于网络架构的概念，是通过软件实现虚拟化的网络功能，通过将具有特定网络功能的软件搭载在通用硬件服务器上，实现软件与硬件解耦，从而降低成本和功耗。我们平时使用的 x86 服务器由硬件厂商生产，在安装了不同的操作系统以及软件后，实现了各种各样的功能。而传统的网络设备并没有采用这种模式，路由器、交换机、防火墙、负载均衡等设备均有自己独立的硬件和软件系统。NFV 借鉴了 x86 服务器的架构，将路由器、交换机、防火墙、负载均衡这些不同的网络功能封装成独立的模块化软件，通过在硬件设备上运行不同的模块化软件，在单一硬件设备上实现多样化的网络功能。

1.1.8 QoS（Quality of Service，服务质量）

QoS 是在资源有限的情况下，“按需定制”为不同的业务提供差异化服务质量的网络服务。衡量 QoS 的基本要素为带宽 / 吞吐量、时延、抖动和丢包率。

如果把数据通信看作交通运输，那么用户面就是道路，业务数据就是道路上运输的乘客或物资。不同的运输需求可以使用不同的道路来实现，就像普通私家车出行使用普通公路、需要遵循时刻表的公交车使用公交车专用车道一样。

1.1.9 QoS 流（QoS Flow，QoS 流）

5G QoS 模型基于 QoS 流，5G QoS 模型支持保障流比特速率的 QoS 流和非保障流比特速率的 QoS 流，5G QoS 模型还支持反射 QoS。

QoS 流是 PDU 会话中最精细的 QoS 区分粒度，这就是说两个 PDU 会话的区别就在于它们的 QoS 流不一样（具体就是 QoS 流的 TFT 参数不同）：在 5G 系统中一个 QoS 流 ID（QF）用于标识一条 QoS 流，PDU 会话中具有相同 QFI 的用户平面数据会获得相同的转发处理（如相同的调度、相同的准入门限等）；QFI 在一个 PDU 会话内要唯一，也就是说一个 PDU 会话可以有多条（最多 64 条）QoS 流，但每条 QoS 流的 QFI 都是不同的（取值范围 0~63），UE 的两条 PDU 会话的 QFI 是可能会重复的：QFI 可以动态配置或等于 5Q1。

QoS 流是被 SMF 控制的，其可以是预配置或通过 PDU 会话建立和修改流程来建立。

1.1.10 SPN（Slicing Packet Network，切片分组网）

SPN 是 5G 网络切片中的关键技术，融合 L0–L3 层技术的新一代传送网综合业务承载系统，通过 WDM 和 TDM 提供端到端硬隔离管道，通过分组交换提供 L2/L3VPN。SPN 由三个子层构成：切片分组层支持 MPLS–TP 和段路由 SR 技术，切片通道层采用 MTN

的 Section 层和 Path 层构建，切片传送层支持以太网物理层和 WDM 光层。SPN 网络采用 SDN 架构，具备业务灵活调度、高可靠性、低时延、高精度时钟、易运维、严格 QoS 保障等属性。SPN 网络具备兼容 PTN 网络能力，支持通过 MPLS-TP 线性保护、MPLS-TP 环网保护、PW 双归保护、静态 L2/L3VPN 等技术承载集团客户、家庭宽带、LTE 业务；支持与存量 PTN 网络设备 UNI 口对接。

SPN 切片可支持独立用户使用，也可实现多用户共享使用：

（1）对于一个切片为单一用户所使用的独享切片，承载该用户的一种或多种业务，业务的类型可以通过 DSCP 来进行细分。独享切片实施时，该用户的多种业务映射到对应的传输切片。

（2）对于一个切片承载多个用户的同一个业务或多个用户的多个业务的共享切片，多个用户的同一个业务或是多个用户的多个业务映射到同一个传输切片。

（3）对于不需要使用切片的用户业务，可以通过一个缺省共享的 VLAN 来进行标示，并根据客户的需求进行优先级的调配，SPN 网元将该 VLAN 对应的业务映射到一个缺省共享切片，并分配对应的通道资源（VPN 或者 MTN 通道等）。

1.1.11　AAU（Active Antenna Unit，有源天线单元）

AAU 是 5G 基站的主要设备，是大规模天线阵列的实施方案。AAU 可以看成是 RRU 与天线的组合，集成了多个 T/R 单元，T/R 单元就是射频收发单元。AAU 的主要作用是将基带数字信号转换成模拟信号，然后调制成高频射频信号，再通过功放单元放大功率，利用天线发射出去。

1.1.12　RRU（Remote Radio Unit，远端射频单元）

RRU 用于发射和接收信号，RRU 和天线是由馈线相连的，它们共同组成了小区，RRU 用于工厂大面积室分建设。

1.1.13　pRRU（PicoRRU，微型射频拉远单元 / 皮站射频拉远单元）

pRRU 是皮基站设备。皮基站是一种小型化、低功率、低功耗的室内覆盖射频单元 RRU，也即一种室内基站，它所完成的功能和传统 RRU 基本相同，用于小范围室分建设。

1.1.14　RHUB（Remote Radio Unit Hub，射频汇聚单元）

RHUB 配合 BBU 以及 pRRU 使用，用于支持室内覆盖。接收 BBU 发送的下行数据转发给各 pRRU，并将多个 pRRU 的上行数据转发给 BBU。

1.1.15　BBU（Building Base band Unit，基带处理单元）

BBU 主要负责基带数字信号处理，比如 FFT / IFFT、调制 / 解调、信道编码 / 解码等。

1.2 缩略语

下列缩略语适用于本文件。

缩略语	英文	中文
3GPP	3rd Generation Partnership Project	第三代合作伙伴计划
5G	5th Generation Mobile Communication Technology	第五代移动通信技术
5GC	5G Core	5G 核心网
AAU	Active Antenna Unit	有源天线单元
AMF	Access and Mobility Management Function	接入与移动性管理功能
BBU	Building Base band Unit	基带处理单元
eMBB	Enhanced Mobile Broadband	增强移动宽带
FlexE	Flexible Ethernet	灵活以太网
MEC	Multi-access Edge Computing	多接入边缘计算
MIMO	Multi Input Multi Output	多入多出技术
mMTC	Massive Machine-Type Communication	海量机器类通信
NEF	Network Exposure Function	网络开放功能
NFV	Network Function Virtualization	网络功能虚拟化
NR	New Radio	新无线 / 新空口
NSA	Non-Standalone	非独立组网
NSSF	The Network Slice Selection Function	网络切片选择功能
PCF	Policy Control Function	策略控制功能
pRRU	PicoRRU	射频拉远单元
QoS	Quality of Service	服务质量
QoS 流	QoS Flow	QoS 流
RedCap	Reduced Capability	轻量级 5G
RHUB	Remote Radio Unit Hub	集线器单元
RRU	Remote Radio Unit	远端射频单元
SA	Standalone	独立组网
SBA	Service-Based Architecture	服务化架构
SMF	Session Management Function	会话管理功能
SPN	Slicing Packet Network	切片分组网络
UDM	Unified Data Management	统一数据管理
UE	User Equipment	用户设备
UPF	User Plane Function	用户面功能
uRLLC	Ultra-Reliable Low-Latency Communications	超高可靠低时延通信
Vlan	Virtual Local Area Network	虚拟局域网
MTN	Metro Transport Network	城域传输网络
S-NSSAI	Single Network Slice Selection Assistance information	单个网络切片选择协助信息
LoRa	Long Range Radio	远距离无线电
RB	Resources Block	资源块
PRACH	Physical Random Access Channel	物理随机接入信道
IMSI	International Mobile Subscriber Identification Number	国际移动用户识别码
IMEI	International Mobile Equipment Identity	国际移动设备识别码

CHAPTER 第2章 TWO

背景概述

2.1 国家政策

2020 年 3 月，国家工信部发布《工业和信息化部关于推动 5G 加快发展的通知》，明确提出加快 5G 网络部署、丰富 5G 技术应用场景、持续加大 5G 技术研发力度、着力构建 5G 安全保障体系和加强组织实施五方面 18 项措施。

2021 年 6 月，国家发改委、国家能源局、中央网信办、工信部联合印发《能源领域 5G 应用实施方案》，指出要研究面向智能电厂的 5G 组网和接入方案，开展电厂 5G 无线覆盖建设，综合利用物联网、大数据、人工智能、云计算、边缘计算等技术，在确保电厂安全的前提下，以需求为牵引，搭建适应电厂的全域工业物联网和数据传输网络。开展基于 5G 通信的工业控制与检测网络升级改造，实现生产控制、智能巡检、运行维护、安全应急等典型业务场景技术验证及深度应用，在火电、核电、水电和新能源等领域形成一批 5G 典型应用场景。

为推动《能源领域 5G 应用实施方案》实施，2023 年 5 月国家能源局、工信部印发《2022 年度能源领域 5G 应用典型案例汇编》，收录了包括国家能源集团东胜热电在内的 6 家电厂及其他行业共计 33 个能源行业 5G 建设典型案例，旨在激发能源领域各行业的创新活力，拓展能源领域 5G 应用场景，探索可复制、易推广的 5G 应用新模式、新业态，支撑能源产业高质量发展。

2.2 国家能源集团建设情况

为贯彻落实党中央、国务院关于加快推动 5G 应用的相关部署要求，国家能源集团积极响应，大力推进 5G+ 工业互联网建设。2021 年年底，国家能源集团率先发布国内首部大型能源集团级的系列《智能电站建设规范》，创新性提出 5G+ 智能电站相关建设内容，为国内大型能源集团级规范中首次提出 5G+ 智能电站。2022 年 7 月，国家能源集团印发《国家能源集团电站智能化建设验收评级办法》，在基础设施及智能装备部分的评分表中，提出无线网络采用 LTE、5G 等多种技术相结合，覆盖范围、可靠性与带宽等应满足现场多路视频图像回传、集群调度、移动办公、多点多方式语音交互、一键求助远程会诊等业务需求。

2023 年 7 月，国家能源集团印发《新建煤电机组智能化建设项目及功能应用规范》，提出了“一型两档”（引领型、先进档、基础档）的建设标准。在新建煤电机组智能化建设项目及功能表（先进档）中，提出要基于 5G 无线网络，提供一张覆盖全厂的生产办公承载网络。工业无线网能解决生产安全监控和调度、车辆物流管理、环境和能源介质检测、厂区监控、人员定位、设备点检的功能要求，并承载厂区移动化办公需求。5G 无线专网采用核心网用户面（UPF）下沉技术，满足从基建期到生产期的数据传输要求。

2023 年 3 月 9 日，集团科技与信息化部组织召开了 5G 创新专项工作讨论会，提出应由集团统筹组织规范 5G 相关业务场景和应用方式，开展项目总结、需求确认及组织推广，并要求收集各产业板块 5G+ 创新应用情况。

自 2020 年起，集团电力板块中火电、水电、新能源领域均有单位开展 5G+ 工业互联网创新应用。截至 2023 年 9 月底，火电厂有东胜、泰州、北仑等 12 家，水电厂有大岗山、瀑布沟 2 家，新能源有龙源江苏海上风电、国能宁东新能源等 4 家，共 18 家发电厂站分批次开展了 5G+ 电力工业融合应用。5G+ 智能电站建设规模与成效经验在五大发电集团中，相对领先，处于第一梯队。2023 年 2 月，国家工信部公示了 2022 年工业互联网示范名单，国家能源集团“泰州发电有限公司 5G 智慧电厂”和“东胜热电基于 5G 技术的工业无线网在智能化火电应用”两个项目成功入选“工业互联网平台 +5G 全连接工厂试点”名单，标志着国家能源集团在 5G+ 智能电站示范建设方面取得阶段性成果。

但 5G 建设过程中也存在较多风险因素，包括：①因目前 5G 组网方式众多，建设单位类型较多，造成频谱使用存在合法性风险；②目前 5G 建设组网技术路线较多，各家实施单位技术路线不统一，存在技术路线风险；③ 5G 网络安全是个全新领域，目前没有电力 5G 网络安全的相关国家标准，也没有行业协会等认可的电力 5G 网络安全建设原则，所以 5G 接入电力系统的网络安全存在风险。

5G+ 电力工业的应用创新力度不足，缺少完整成型的应用生态。生产控制、设备运行、安全应急、智慧管理等发电厂业务的 5G 应用场景不够丰富，缺少深度。

基于以上情况，由集团公司电力产业管理部、科技与信息化部统一协调电厂、运营商、设备厂家、内部专业化单位等联合编制集团 5G+ 智能电站典型技术路线和应用案例。后期将按照集团统筹、示范先行、分步推广的原则，在确保电厂安全前提下，以需求为牵引，搭建适应电厂复杂环境的全域工业物联网和数据传输网络。开展基于 5G 通信的工业控制与监测网络升级改造，实现生产控制、设备运行、安全应急、智慧管理等典型业务场景技术验证及深度应用，在火电、水电和新能源等领域形成具有集团特色的 5G 典型应用场景。

CHAPTER 第3章 THREE

5G 建设技术路线

3.1 建设模式

智能电站 5G 专网建设模式主要包括自建、租赁、自建 + 租赁三种模式。自建模式即所有设备（5G 基站、传输、核心网设备）由电厂自行投资建设，资产归电厂所有，电厂自行维护。租赁模式由运营商按照电厂要求建设 5G 网络，电厂按照商定年限租赁，运营商负责维护运行。自建 + 租赁方式由电厂和运营商共同出资建设，具体建设范围由双方协商确定。

各电厂可根据实际情况，自行选择适合自身的建设模式。选择建设模式时，应充分考虑投资回报率、系统运维能力等因素，做好统筹管理。表 3.1 示出 18 家 5G 应用单位中，采用自建模式、自建 + 租赁模式、租赁模式的单位数量分别为 4 个、4 个、10 个，租赁模式占比 55.6%。

表 3.1 集团电力产业 5G 网络建设模式统计

建设模式	电厂名称	电厂数量	占比
自建模式	东胜、九江、国华蒙西公司敖包风电场、宁东新能源	4 个	22.2%
自建 + 租赁模式	泰州、北仑、汉川、大岗山水电	4 个	22.2%
租赁模式	上海庙、花园、宿迁、安庆、台山、宁海、余姚燃气、瀑布沟水电、江苏海上风电、国华蒙东公司巴音塔风电场	10 个	55.6%

3.2 频谱选择

截至 2023 年 9 月，国内共有中国移动、中国电信、中国联通、中国广电四家运营商正式获得 5G 商用牌照。每家运营商分配了不同的频段，除中国移动分配了 260MHz 频段以外，其他三家运营商均分配了 100MHz 独立频段，5G 频谱使用分配详见图 3.1。

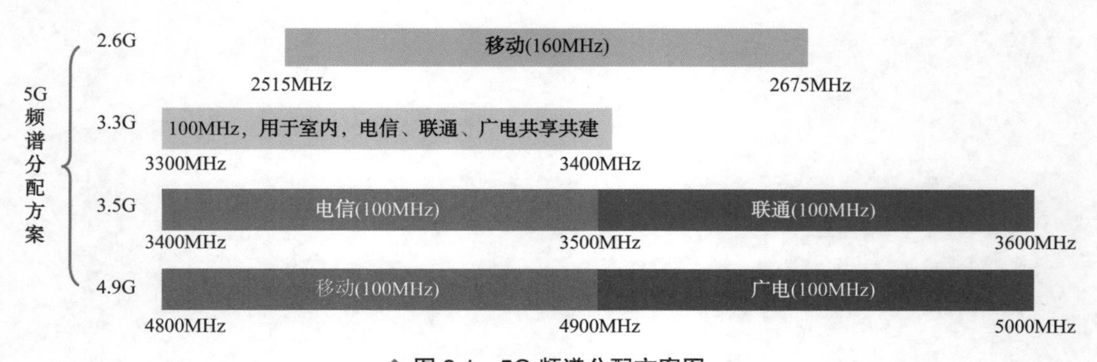

◆ 图 3.1 5G 频谱分配方案图

因电信和联通的 5G 频段是连续的，两家运营商已宣布基于 3400~3600MHz 连续的 200MHz 带宽共建共享 5G 无线接入网，即接入网侧共享、核心网各自建设、5G 频率资源共享。另外，电信、联通和广电共享3300~3400MHz频段，三家运营商联合声明对以上频段5G网络共建共享，确保网络规划、建设、维护及服务标准统一。移动和广电也已宣布共享2.6GHz频段5G网络，并按1∶1比例共同投资建设700MHz 5G网络，共同所有，并有权使用700MHz 5G无线网络资产。各发电企业可根据运营商频谱分配方案，选择适合各自现状的5G频段。对于风电、光伏等有远距离通信需求的建设项目，宜选择700MHz频段，以满足信号广覆盖需求。

3.3 网络架构

5G网络宜采用独立组网方式（SA）进行组网，由无线接入网、承载网和核心网组成，并通过在电站内新建边缘计算节点（MEC），以实现用户数据的安全性、稳定性和可靠性。各个网络间相互协助配合，并通过超级上行、载波聚合等上行增强技术，提供高速率、低时延、高可靠、广连接的可靠网络。

5G网络部署的要求包括：

（1）无线接入设备包括室外宏站和室内室分基站，实现厂区室内外5G信号全覆盖，满足5G应用业务全覆盖、区域全覆盖和速率等要求。

（2）传输承载设备宜部署两套，实现双路由上联，与园区外运营商大网控制面设备、园区内5G基站、5G核心网用户面UPF链路等实现冗余备份，保证业务传输可靠性。传输网边缘部署安全设备，实现5G业务数据和电厂内网数据的隔离。

（3）核心网用户面UPF应下沉到园区部署，保证5G网络传输的电厂业务数据不出园区。在核心网UPF后部署多接入边缘计算服务器（MEC），满足5G+智能电站各业务应用的边缘算力要求。核心网控制面设备可根据业务实际需求，使用运营商大网5G控制面，或者要求5GC下沉到园区部署。

（4）在UPF下沉的基础上，可参考华为公司的“风筝方案”或中兴公司的“i5GC方案”，将核心网控制面部分功能和用户签约管理功能下移至电厂MEC的网络边缘。在电厂和大网失联或主动切断的场景下，提供电厂业务容灾能力，确保业务不受影响。

（5）若在生产控制大区与管理信息大区同步建设5G网络，须采用硬切片或独立组网方式进行物理隔离。生产控制大区5G网络应先经过安全接入区，再通过单向隔离装置与现有生产控制系统进行数据传输；与管理信息大区进行数据交互时按照集团相关网络安全防护要求采取相应的防护措施。生产控制大区向管理信息大区传输数据时，通过电厂原有单向隔离装置进行数据传输，以满足《电力监控系统安全防护总体方案》（国能安全

〔2015〕36号）中横向隔离的要求。

3.4 切片方案

3.4.1 网络切片原理

为了保障智能电站不同类型业务数据的网络资源，解决网络信息安全以及多场景业务应用的问题，可按照各业务的优先级来划分电站的5G网络资源，规划设计对应的5G网络切片方案。5G网络切片技术是指在一个独立的5G网络基础物理设施上，根据不同类型的业务数据对时延、带宽、可靠性、安全性等不同的服务需求，切分出多个端到端的虚拟逻辑网络，以灵活地应对不同的网络应用场景。5G网络切片技术在智能电站的应用如图3.2所示。

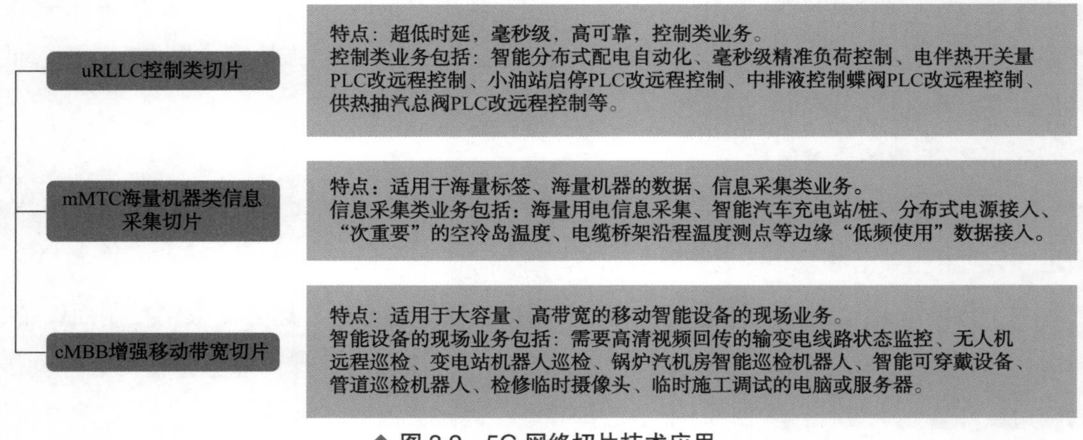

◆ 图3.2 5G网络切片技术应用

5G网络需要支撑厂区不同类型的业务数据流的传输，制定适配业务场景的网络资源优先级保障设计方案，避免低优先级数据流抢占高优先级数据流的5G网络资源，从而造成高优先级业务的劣化或中断。根据厂区业务需求，将视频数据流、仪表数据流、物联网数据流、远控数据流等分别划分到不同切片中去，保障业务运行。5G切片技术如图3.3所示。

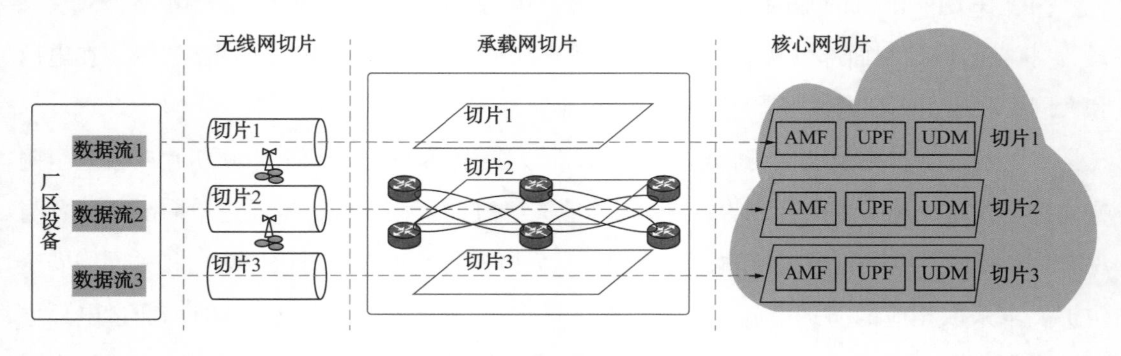

◆ 图3.3 5G网络切片技术

3.4.2 网络切片选型

网络切片引入的目的是为厂区提供差异化的业务处理，包含隔离差异化、业务差异化、运维差异化、运营差异化等。网络切片标识可用来唯一地表征端到端网络中的网络切片，其提供了一种端到端标识业务的手段，使业务能实现端到端差异化处理。网络切片的核心属性是能够快速地建立一张端到端的虚拟切片网络，并能够实现切片的业务感知功能。网络切片的部署可分为无线网、承载网和核心网三个子域，如图 3.4 所示，可基于实际业务需求，分别在三个子域内创建网络切片实例。

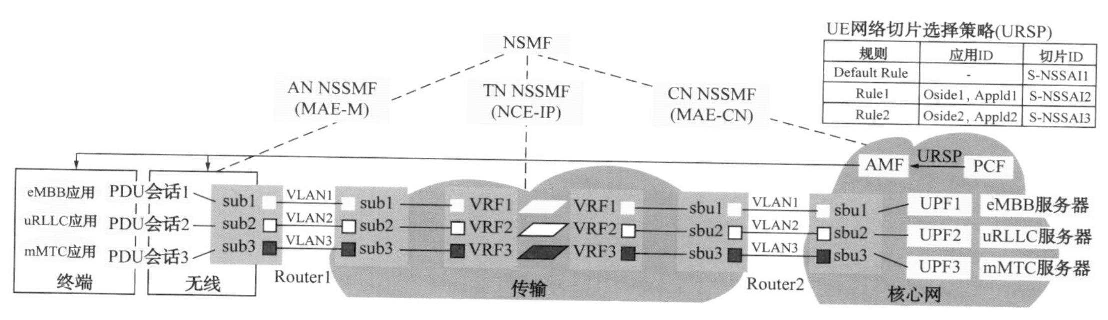

◆ 图 3.4 5G 网络切片方案

新建 5G 专网需支持的切片能力包括：

（1）支持将 5G 网络按照业务类型划分为不同的 5G 网络切片，以满足不同类型业务对 5G 网络带宽、速率、时延、连接数、可靠性等性能方面差异化的需求。5G 网络切片功能将物理网络切分为多个逻辑网络，实现一网多用。网络切片在一个物理网络上构建多个端到端的、虚拟的、隔离的、按需定制的专用逻辑网络，以满足不同类型业务对网络性能的不同要求。网络切片功能端到端包括：终端、无线接入网、传输网络和核心网。

生产控制大区业务对于数据传输的安全性要求高，建议为这类业务划分硬切片。图 3.5 示出无线网侧使用 RB 资源预留或载波隔离技术，承载网侧使用 FlexE 或 MTN 切片技术，核心网侧使用各自独立的 UPF 给控制类业务预留资源，保证端到端的数据传输的物理隔离。

对于管理信息大区非控制类业务，建议按照业务类型和数据流（视频数据流、仪表数据流、物联网数据流等）划分软切片。无线网侧通过 QoS 优先级保证资源调度，承载网侧通过 Vlan 隔离，核心网侧共享 UPF，实现各应用业务的逻辑隔离。

（2）按不同业务所对应的网络服务类型，单独规划切片标识 S-NSSAI，以满足各类业务监控与告警需求，形成独立的逻辑切片网络。5G 终端根据业务类型，在签约时绑定对应的切片标识 S-NSSAI，在对应的逻辑切片网络接入。

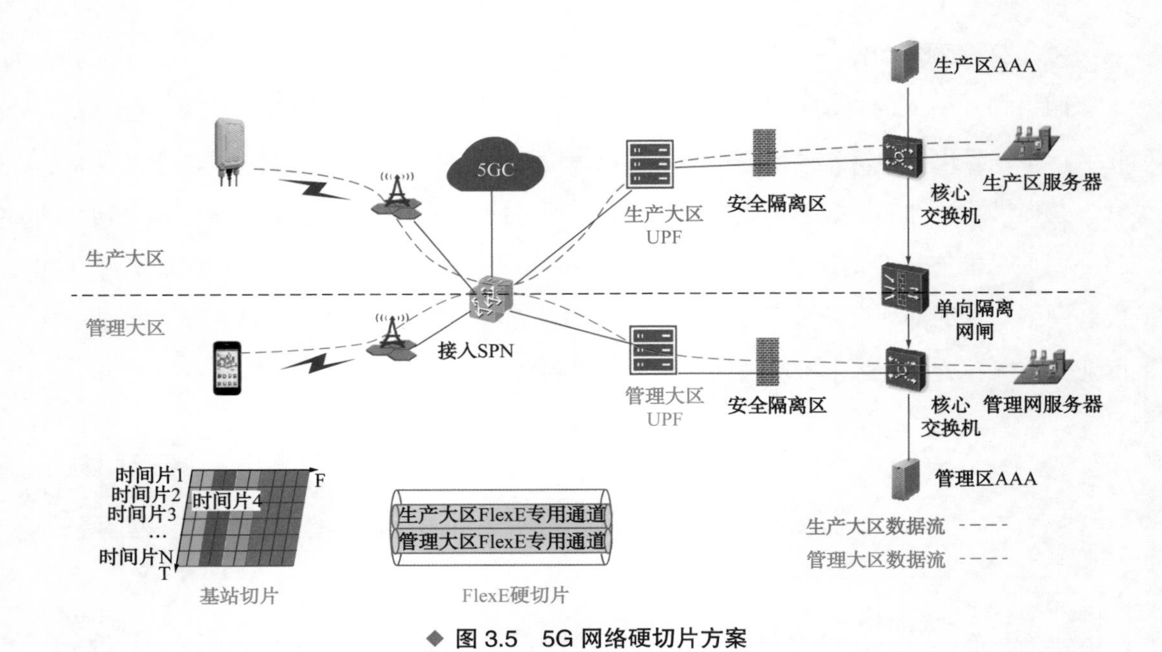

◆ 图 3.5　5G 网络硬切片方案

（3）具备良好的切片运维能力。支持切片模板管理、切片部署、切片实例管理、切片实例监控与运维等，支持切片的自动化运维，支持切片的快速部署、协同工作和全生命周期管理。

3.5　多网络协同

5G 网络建设应结合发电企业的实际需求，综合考虑 5G、UWB、蓝牙、Zigbee、LoRa、WiFi 等多网络协同的网络接入，进行整体规划。图 3.6 示出 5G 网络建设方案应兼顾各网络层级间协调发展、资源共享。不同场景用户根据网络选择策略接入合适网络，使网络接入更可靠，有效提升用户服务质量。通过多网络协同建设，可在 5G 应用生态没有成型的情况下，更便捷地实现业务应用与管理融合，加快推动 5G 在发电企业的推广应用。

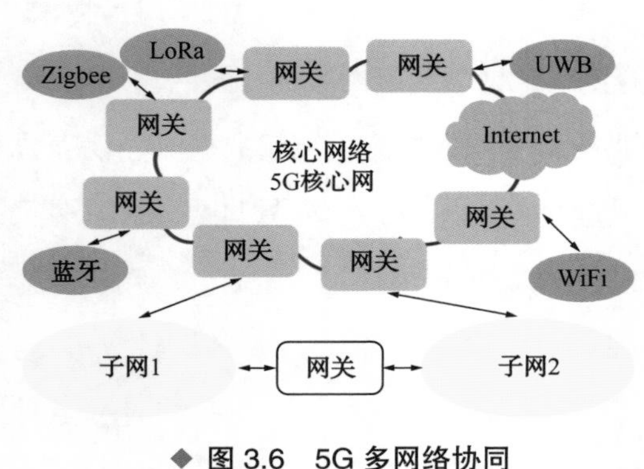

◆ 图 3.6　5G 多网络协同

（1）接入网应采用 5G 网络，非 5G 网络可通过网关与 5G 网络相连。5G 网络的功能应用受限时，可采用其他网络，如精确定位需要 UWB 配合。

（2）多网融合网关宜选配兼容 5G、UWB、蓝牙、Zigbee、LoRa、WiFi 等接入制式，实现与设备的连接，并执行协议转换等适配工作。

（3）多网络融合设备及终端应支持 IPv6 协议。网关、服务器等核心设备应选用信创产品，实现芯片、基础硬件、操作系统、中间件、数据服务器、数据库和应用软件全面满足数据安全、网络安全的要求。

3.6　基站部署

智能电站 5G 虚拟专网通过基站专建、RB 资源预留、网络切片和 UPF 专用等技术手段，实现电力业务、公网业务及其他 toB 业务的隔离和网络资源的专享专用。

无线组网基于公用基站与专建基站相互补充的方式，通过公用基站实现泛在覆盖，满足机器人巡检、执法仪智能穿戴等典型业务场景需求。在公用基站建设规划之外，根据特定电力业务对网络覆盖、容量、上行带宽的需求，补充建设专用基站，满足输煤皮带监测、输煤廊道区域网络覆盖、风机塔筒内部网络覆盖、水电厂远程泵房网络覆盖等业务需要。

无论采用何种方式的基站部署，都应实现 CPU、ROC、PA、时钟、主控、集采、操作系统等关键软硬件、端到端的完全国产化和自主可控，确保 5G 基站核心技术安全。

3.6.1　火电、水电建设方案

结合火电和水电的生产现场环境和具体业务场景，宜采用“室外宏站 + 微站 + 室内分布”的室内外立体组网，采用不同基站设备，以满足多场景的无线信号覆盖和容量需求。

为实现电厂 5G 信号全面覆盖，可采用室外宏基站打底，实现电厂主要区域信号覆盖，满足机器人巡检、户外检修作业监控视频回传、智能穿戴设备等移动类或大带宽应用需求。

针对电厂内部输煤廊道、主厂房等室外无线信号无法穿透覆盖的区域，宜建设室分基站，局部补充加强 5G 信号。室分系统包括传统室分和新型数字化室分。传统室分由 BBU、RRU 及天馈系统组成。数字化室分由 BBU、汇聚单元 PB 和 pRRU 单元组成，PB 单元与 pRRU 间可采用 CAT6A 网线或光电复合缆连接，汇聚单元与 BBU 间采用光纤连接。室分方式选择、具体建设位置、建设数量等，应根据现场勘查情况，结合业务需求、建筑物内部结构等，设计和制定实施方案。

3.6.2　风电建设方案

风电基站部署场景分为陆上风电和海上风电。其中海上风电场景特殊，风电场一般距离陆地 20km 以上，网络覆盖较差，需要特殊的 5G 网络覆盖方案。

1. 风塔室分覆盖方案

结合风电场面积、地形以及 5G 网络覆盖能力，在风电场部署 5G 宏站和室分基站，产生覆盖风塔室内外的5G信号。图3.7示出室分部署可在机舱安装RRU设备和天线，现场采用特制抱杆，以固定在风机机舱过道地板上。天线固定在抱杆上，每个点位安装3组抱杆天线，形成120°夹角辐射信号。RRU设备、交直流转换器直接放置在机舱控制柜上，利用光纤从机舱通往风机塔基。BBU设备可安装于塔基或升压站机房。

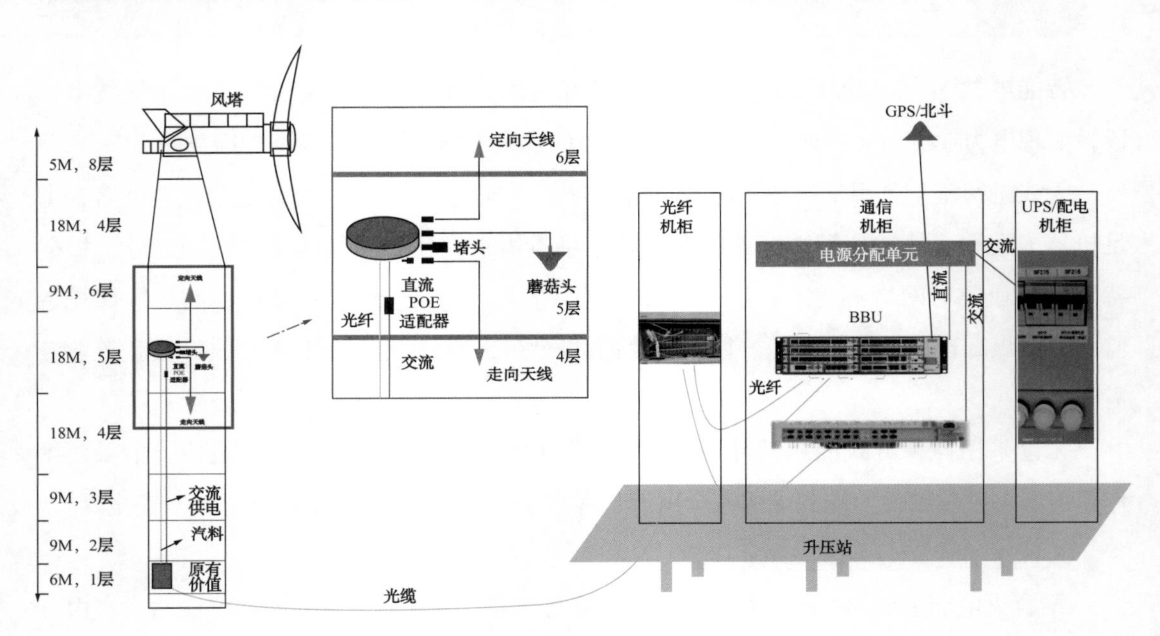

◆ 图3.7 风塔基站部署方案

2. 海上风电场海域超远覆盖

5G海域覆盖通信系统依赖岸基站，实现对海岸及海面业务的通信服务。岸基站通过海域覆盖形成满足需求的海上小区；同时，用户终端通过与岸基站连接，实现数据传输。图3.8示出不同离岸距离的信号强度、业务需求和通信技术方案，按照业务带宽、信号覆盖等需求，可分为近点0~10km、中点10~50km、远点50~100km、极远点>100km四类海域区域。

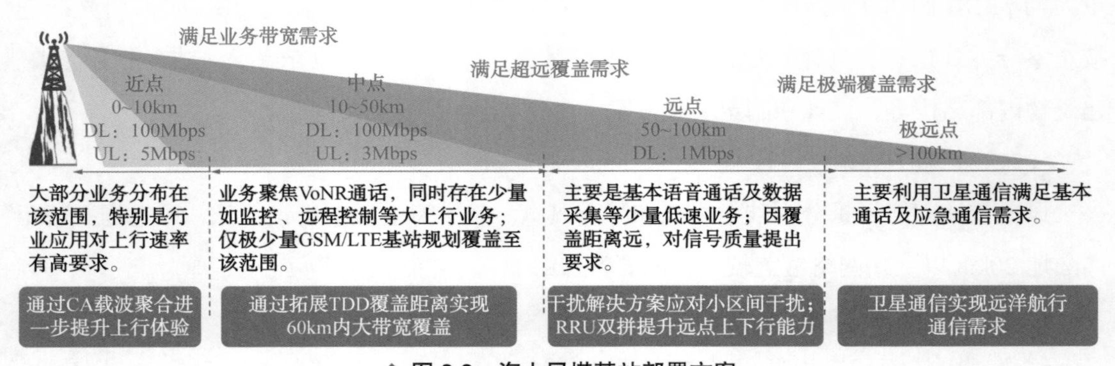

◆ 图3.8 海上风塔基站部署方案

5G 海域覆盖通信系统网络侧包括岸基站天线、岸基站射频单元、岸基站基带单元以及核心网等。设备形态与地面大网 5G 宏站设备类似，但需要针对超远覆盖场景做一些定制化开发，如微波传输、特殊天线选型、Format 格式选择、干扰规避等。

绝大部分海上风电场建设在中点海域，其运维工作存在难到达、长作业、高危险等难点。700M 网络能够满足 5G 无人机、巡检机器人、无人巡检船等智能产品远程运行，并凭借 700M 广覆盖的特征减少设备在小区间的切换，有效降低时延。12 海里作为领海标准基线，海事管理、海上救援、海上执法等业务也发生在中点海域内，通过 700M 网络的覆盖可提升该类业务的效率，实现智能化。

当无线传播路径上存在岛屿时会存在阴影效应，由于岛屿对无线电波传输路径的阻挡，使得在传播接收区域上形成半盲区，半盲区内信号场强较低且不稳定。这时可采用微波中继技术解决覆盖盲区问题，同时可以将 5G 的海域覆盖范围作进一步延伸。

（1）在设备选型上，近海区域根据业务需求采用 32/64TR AAU 实现覆盖体验双优，中远海域采用大功率 4TR RRU 配合天线提升网络超远覆盖。

（2）在天线选取上，宜选择具有良好零点填充和上副瓣抑制的天线，以避免严重的“塔下黑”问题，建议现场采用高增益平板天线和透镜天线。平板天线增益大，可以较容易地实现海面连续覆盖，满足一些物联网终端的网络接入需求。透镜天线波束较窄，呈线状覆盖，可对海洋航道进行精准覆盖。需要注意的是，考虑到海域环境的特殊性，应尽量选择表面积小的天线，以避免强风影响。

（3）常规帧结构难以满足海面超远覆盖需求，需对相应频段进行特定帧结构修改。例如对 PRACH format0 中 GP 进行修改，2.6G NR 可最大支持 59km（Ncs=1）。NR700 支持修改为 Format 1 格式，实现 100km 的最大接入距离，满足海面超远覆盖要求。

（4）在站点选择上，2.6G 近海覆盖时，站高对上行边缘速率的影响较小，站点选择更加灵活；而对 700M 而言，站高对其超远覆盖能力影响明显，站址选择上优先考虑高海拔站点。同时，从海面传播模型考虑，地球曲面将对无线信号传播产生影响，须保证天线挂高与覆盖目标之间有良好的无线传播环境。

3.7 网络安全

基于 5G 专网安全挑战和威胁，依托运营商内生安全能力 + 电厂自建安全能力，以支撑电厂差异化 5G 网络安全要求，5G+ 智能电站网络安全的解决方案主要包括终端接入安全、传输安全、核心网安全、企业边界安全、安全管理五大部分，如图 3.9 所示。

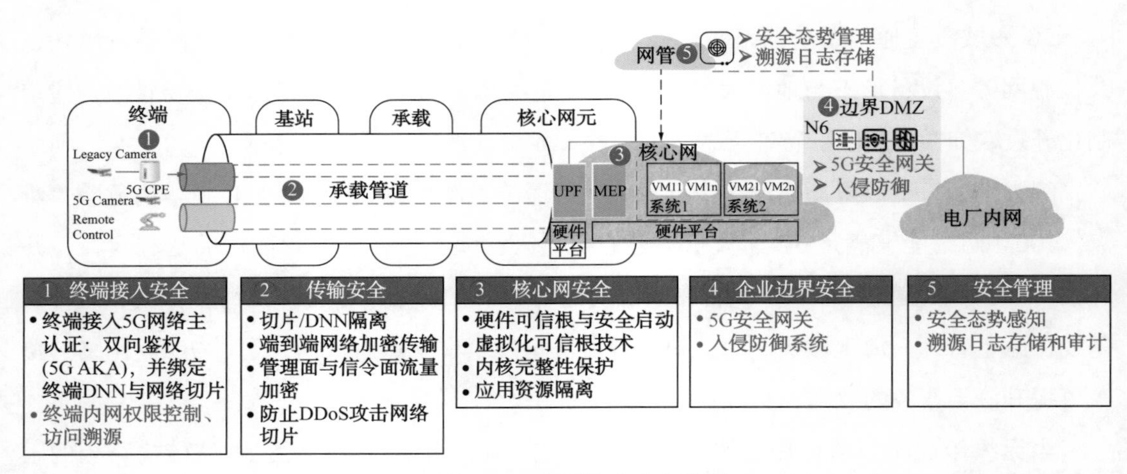

◆ 图 3.9 5G 网络安全架构图

3.7.1 终端接入安全

结合运营商提供的主认证、切片接入控制，以及电厂自主控制的二次认证等多重技术路径，对 5G 终端接入电厂 5G 专网进行控制。图 3.10 示出 5G 终端接入电厂 5G 专网的安全配置，包括终端接入主认证和电厂资源访问控制两部分。

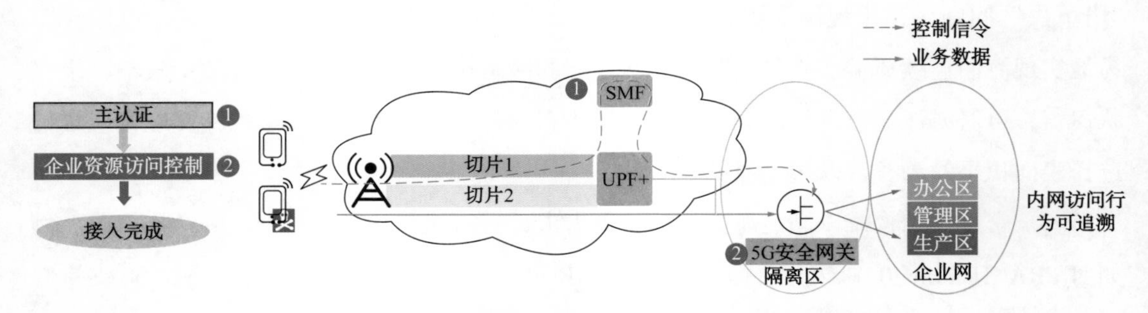

◆ 图 3.10 5G 终端接入电厂 5G 专网的安全配置架构图

1. 终端接入主认证

5G 终端接入主认证是指使用运营商签发的 SIM 卡，接入运营商 5G 网络，如果启用了切片，还包括切片的认证过程。支持针对终端之间的通信需求，进行针对性的访问控制，实现终端互通隔离。

（1）机卡绑定控制。电厂用户开户时设置用户绑定 IMSI 和 IMEI，IMSI 作为用户名唯一标识，IMEI 作为设备唯一标识进行绑定，用户接入时 IAM（AAA）通过校验用户 IMSI+IMEI 标识，合法用户校验通过予以接入，反之失败则拒绝接入。

（2）电子围栏控制。用户位置使用基站提供的 ULI 信息，由 AAA 决定是否允许用户在当前位置接入到专网。

2. 电厂资源访问控制

通过在电厂侧部署5G安全网关和日志系统，实现基于SIM卡的访问控制和审计，避免对静态IP地址的依赖，并提高运维管理的效率。

通过联动运营商核心网和电厂本地5G安全网关的数据，基于SIM卡信息对终端的网络访问行为进行精细化控制和审计，以规避动态IP地址无法进行网络访问控制和审计的问题，提高网络访问控制的颗粒度，减少不同业务的网络暴露IP和端口。

（1）SIM卡访问控制策略。基于SIM卡的访问策略可通过SIM卡的IMSI信息或者手机号这些唯一标识设定，以减少对终端静态IP地址的依赖，或者在使用静态IP地址时，提高终端策略管理的可读性。

（2）SIM卡访问内网审计。电厂可以记录5G终端访问企业内网的行为，以进行安全审计或满足合规的要求。5G安全网关可将核心网发出的SIM卡信息放入到网络会话日志中，从而提高审计的效率。

3.7.2 传输安全

传输安全保障技术包括三种，一是将通信网络进行管理/控制/用户三面隔离，避免各模块相互访问、相互影响，以提升通信网络的安全性；二是采用切片对业务数据进行隔离；三是在终端不具备加密条件的情况下，通过5G网元内置加密功能实现端到端通道加密。

1. 三面隔离

通信网络的三面隔离可以保证电厂数据不会通过运营商网络泄露，包含空口三面隔离、设备三面隔离、传输三面隔离。其中：

（1）空口三面隔离通过控制面/用户面协议栈分离，以实现基本的信道隔离。例如控制面采用AS/NAS协议栈；用户面采用PDCP协议栈，实现协议栈隔离；然后再对控制面进行加密、完整性保护，用户面加密、完整性保护，以确保基本的通信安全。

（2）设备三面隔离通过处理模块实现隔离，如控制处理模块、管理处理模块、用户数据处理模块之间的隔离。这些模块都使用独自专用的物理端口，实现端口隔离的目的。采用逻辑IP地址隔离，以确保隔离的有效性及不可突破性。

（3）传输三面隔离通过实现三面VLAN/VRF隔离以及路由空间隔离，以避免通信间的互相访问、互相影响。

2. 切片隔离方案

5G网络切片解决方案可为电厂提供可定制的“专用网络”，实现电厂内各业务间的数据隔离。

在无线切片阶段，通过频谱资源预留方案，使得专网用户、普通用户通过各自通道接入，并进行相应认证。

在承载网切片阶段，通过回传 FlexE 隔离，在物理端口上创建多个硬件子通道，不同类型的业务承载于不同的子通道。子通道配置时隙绑定，通过时隙复用实现物理接口的分片隔离，子接口大小基于一定的粒度灵活可配。也可通过 VLAN 子接口隔离技术，在物理端口创建多个逻辑子接口，不同子接口间带宽严格隔离，实现任意粒度的带宽隔离效果。

在核心网切片阶段，采用 UPF 专用模式，达到组件核心网切片的功能。

3. 传输通道加密

5G 专网从终端到基站、基站到核心网、核心网到边缘，传输网络数据需要通过采用加密和完整性保护等方式，保护用户面传输数据的安全性，防止数据泄密和被篡改。

3.7.3 核心网安全

基于 3GPP 分层理念，图 3.11 示出通过设备安全、网络安全、运维安全分层构建 5G Core 和 UPF 的安全架构。

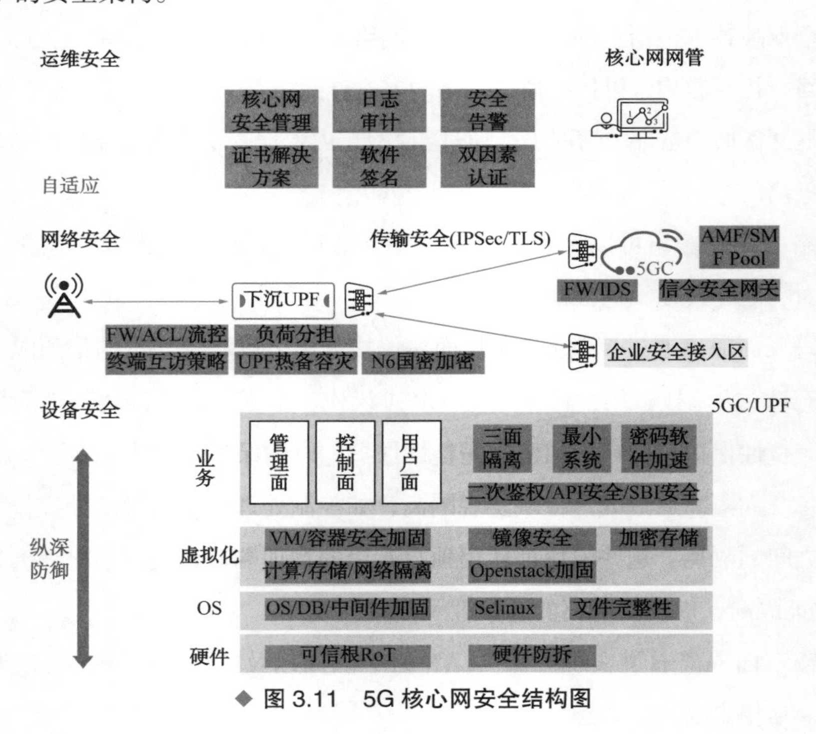

◆ 图 3.11 5G 核心网安全结构图

1. 设备安全：设备软硬件可信

（1）管理 / 控制 / 用户三面隔离，避免互相访问和相互影响。

（2）基于硬件根的可信环境，确保设备安全启动和安全运行。

（3）敏感数据加密存储，机密性完整性保护。

（4）云原生安全，虚拟化 / 容器缺省安全加固，强化隔离能力。

2. 网络安全：网络安全韧性，服务高可靠

（1）容灾：UPF 负荷分担，5GC AMF/SMF Pool 冗余。

（2）UPF 热备容灾：整个网元故障时 IP 连接不断，IP 包中断小于 3s。

（3）传输协议国密演进：IPSEC 国密算法。

3. 运维安全：提升韧性、高效运维

（1）基于身份信任评估和访问控制。

（2）双因素认证。

（3）安全配置核查。

（4）安全日志审计。

3.7.4 接入网边界安全

5G 专网属于电厂整个网络的一部分，但又存在运营商的设备和外部连接，因此电厂往往需要在 5G 专网和电厂内网之间部署安全系统，开展边界防护和统一管理。边界防护适用于生产控制大区和管理信息大区。生产控制大区和管理信息大区 5G 网络可通过硬切片方式或单独搭建、单独运行方式进行物理隔离，其中生产控制大区 5G 网络应先经过安全接入区，再通过单向隔离装置与现有生产控制系统进行数据传输；与管理信息大区进行数据交互时按照集团相关网络安全防护要求采取相应的防护措施。

按照纵深防护和统一管理的安全原则，应构建安全隔离区，提供边界防护。图 3.12 示出在安全隔离区中放置 5G 安全网关、入侵防御、网络安全沙箱等网络安全设备，提供以下安全防御能力：

- 防止合法终端访问非授权业务 / 应用。
- 防止从互联网 / 企业网入侵控制工业终端。
- 防止来自恶意终端对企业内网的攻击。

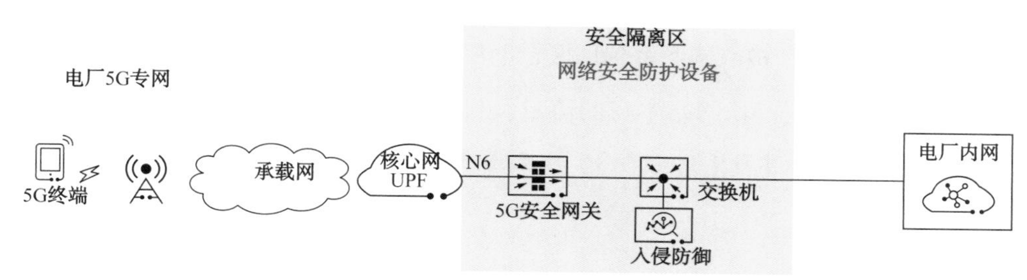

◆ 图 3.12　5G 接入网边界安全结构图

3.7.5 安全管理

在电厂 5G 专网的安全管理中，可采用企业安全监测与态势感知系统监测客户专网的安全事件，统一分析，可视化呈现。通过采集来自终端的登录安全事件，收集来自终端 U 面安全事件和对 N6 口安全网关的流量安全事件来进行综合分析，可视化实时呈现网络现状，及时提示风险，满足专网可视化的要求。5G 安全管理结构如图 3.13 所示。

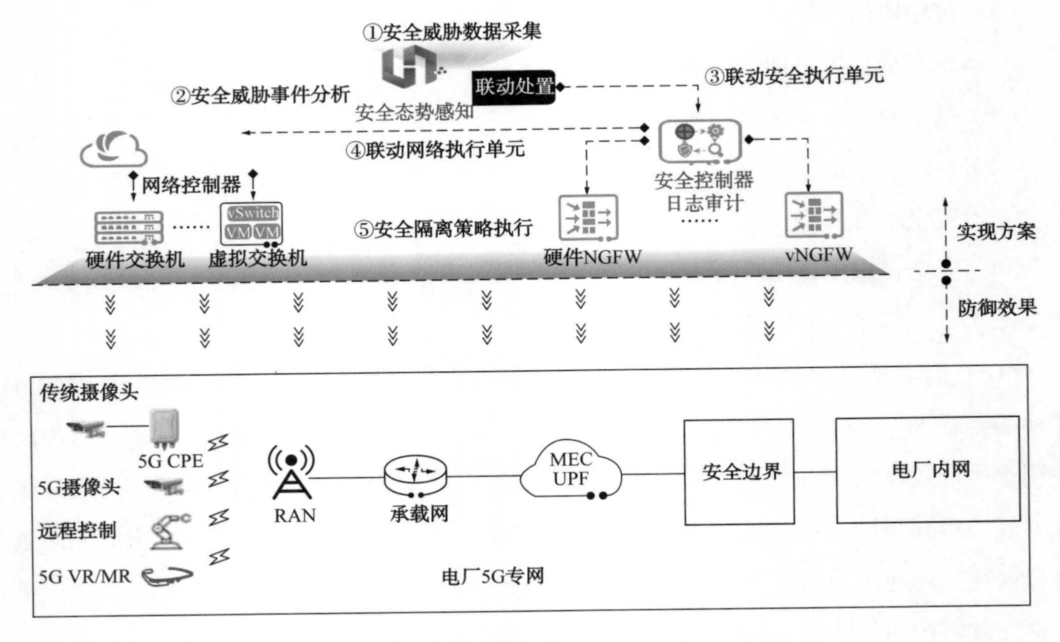

◆ 图 3.13 5G 安全管理结构

5G 安全管理需实现的安全管理能力包括：

○ 集中管控：对全网安全设备统一管理，安全策略集中控制，提升运维效率。

○ 集中分析：对设备的威胁日志进行采集、查询、分析，从不同的维度查看、对比 IPS/AV/ 僵木蠕等威胁日志数据，了解网络中病毒事件和攻击行为，及时掌握网络安全状态，从而制定相应的安全防护措施。

○ 统一编排：通过安全态势感知系统进行联动编排，将策略编排到具体的安全设备。

○ 数据不出厂：5G 核心网下沉到厂区，电厂生产数据、5G 设备数据等不出电厂厂区；

○ 设备监测：加强 5G 网络本身的流量及日志、授权及设备可靠性的监测，避免 5G 网络自身的网络安全事件发生。

CHAPTER 第4章 FOUR

5G+ 智能电站典型应用场景

根据电厂业务情况，5G+ 智能电站应用场景可分为 5G+ 控制系统、5G+ 设备运行、5G+ 安全应急、5G+ 智慧管理四大类。每类业务场景结合 5G 增强移动宽带（eMBB）、海量机器类通信（mMTC）、超高可靠低时延通信（uRLLC）的优势，将四大应用场景细分为不同类型业务。截至 2023 年 9 月底，集团内已建 5G 项目的电厂共实现了 20 余种典型业务应用场景，详见表 4.1。通过对集团已建 5G 项目的 18 家电站应用场景进行调研分析，结果表明 5G+ 视频监控、5G+ 智能巡点检、5G+ 机器人、5G+ 人员定位、5G+ 智能安全帽、5G+ 智能检修、5G+ 智能两票、5G+ 光伏组件清扫、5G+AR/VR、5G+ 融合通信等技术较成熟，应用场景得到广泛应用。但 5G+DCS 控制仍处于初步探索阶段，电厂可根据自身情况及业务需要开展 5G+ 智能电站应用场景的方案设计。

表 4.1　国家能源集团已建 5G+ 智能电站应用场景情况统计

序号	应用场景	电厂名称
1	5G+DCS 控制	东胜
2	5G+ 工业无线测点参数回传	东胜
3	5G+ 视频监控	东胜、泰州、台山、宿迁、花园、宁海、余姚燃气、江苏海上风电
4	5G+ 智能安全帽	东胜、台山、宁东新能源
5	5G+ 智能巡点检	北仑、台山、国华蒙西、江苏海上风电
6	5G+ 机器人	东胜、泰州、九江、宿迁、上海庙、花园
7	5G+ 智能门禁	宿迁
8	5G+ 智能热网	宿迁
9	5G+ 人员定位	泰州、安庆、国华蒙西
10	5G+ 智慧码头	安庆
11	5G+ 智能两票	北仑、泰州
12	5G+ 线路差动保护	北仑
13	5G+ 无人机	上海庙、宁东新能源
14	5G+ 智能检修	台山、国华蒙西
15	5G+ 智能应急	上海庙
16	5G+AR/VR	上海庙、花园
17	5G+ 光伏组件清扫	花园
18	5G+ 煤场盘煤	花园
19	5G+ 智能照明	宁海
20	5G+ 智能消防	宁海
21	5G+ 融合通信	北仑、花园
22	5G+ 远程诊断	上海庙
23	5G+ 受限空间管理	安庆
24	5G+ 地下管网检测	花园
25	5G+ 环境检测	汉川
26	5G+ 风机检测	汉川

4.1　5G+控制系统

应在确保电站安全的前提下，以需求为牵引，基于5G及TSN、工业以太、工业互联网平台应用等技术，利用5G网络将生产现场的各类测量设备、控制设备、执行机构等通过安全接入区接入工业控制系统，支撑各类实时数据采集和远程控制。通过5G技术，实现现场测点和仪表数据远传至控制系统，进而在启动炉、化学、输煤、环保岛等辅控系统实现5G远程控制。下一步可探索研究5G网络接入火电机组主机控制系统DCS的应用，为5G技术在电力系统安全I区大面积应用奠定基础。

（1）可将5G专用网络uRLLC切片技术应用于生产控制网，以实现工控域生产设备控制。通过建设或升级设备及操控系统，在工业设备、摄像头、传感器等数据采集终端上内置5G模组或部署5G网关等设备，实现工业设备与各类数据采集终端的网络化。集控人员或设备控制人员可通过5G网络，远程实时获得生产现场全景高清视频画面及各类终端数据，并通过设备操控系统实现对现场工业设备的实时精准操控，有效保证控制指令快速、准确、可靠执行。前期可应用于智能照明、无人盘煤、无人斗轮机、无人卸船机、无人推耙机、无人翻车机、无人清扫车、无人光伏清扫机器人等，逐步探索和实现DCS远程控制。

（2）可将5G专用网络mMTC切片技术应用于生产现场数据采集。通过内置5G模组或部署5G网关等设备，将各类传感器、摄像头和数据监测终端设备接入5G网络，采集环境、人员动作、设备运行等监测数据，通过安全接入区接入智能发电平台，对生产活动进行高精度识别、实时监视、自定义报警和区域监控、实时提醒异常状态等，实现对生产现场的全方位智能化监测和管理，为安全生产管理提供保障。

（3）可将5G专用网络mMTC切片技术应用于智能供热。基于物联网、大数据、人工智能等新一代信息技术，通过5G通信将智能传感器读取的实时感知供热状态进行采集、上传、分析、处理。以愈加精细、动态方式管理供热系统的生产、运行和服务。

（4）可将5G专用网络eMBB切片技术应用于基于边缘计算的智能视频识别。将智能视频识别技术应用于生产现场的监控摄像头，实现设备跑冒滴漏的终端快速初筛查。初筛查发现的疑似报警视频画面通过有线或5G网络，传输至中台云计算中心，利用基于巨型神经网络和性能更先进的算力，实现不安全细分类型的最终确认。基于5G网络构建“云边芯端”的智能视频识别系统，在提高快速识别效率的同时提升识别报警的准确度。跑冒滴漏的不安全现象细分类至少包括：水、酸碱溶液、石灰石或石膏浆液、油、蒸汽、灰渣粉、煤粉、烟气、火焰、电火花等10余种。

4.2 5G+ 设备运行

基于5G及人工智能、数据挖掘等技术，结合电厂现有智能巡检系统、生产调度管理系统、智能两票系统、检修管理系统、缺陷管理系统、技术监督系统等，综合实现设备巡点检、两票移动审批、操作到岗精准管控、设备等级检修、设备状态智能监测与感知、设备状态智能评价、设备故障智能诊断及预警、AR辅助检修及远程专家支持等功能。

（1）可将5G专用网络eMBB切片技术应用于智能安全状态及反违章监视。将智能摄像头、巡点检仪、执法仪等各类智能工器具、个人穿戴设备接入5G网络。基于5G网络的低时延，利用边缘计算、AI处理、机器视觉等先进技术，实现各类日常巡检设备的快速便捷接入，中高风险、应急检修作业视频的快速便捷部署，基于5G智能设备实现人员违章、设备缺陷、管理漏洞、环境隐患的实时巡检与智能报警。

（2）可将5G专用网络eMBB切片技术应用于大规模设备的无人自动巡检、设备控制与数据全寿命周期管理。将各类机器人、无人机、无人船等巡检智能装备规模化接入5G网络，实现巡检任务与智能设备的高效互联互通，智能采集现场设备运行参数、语音、图片等各项数据。部分数据通过边缘计算技术和AI处理等技术，自动完成检测、巡航以及记录数据、远程告警确认等工作，并将可靠结论通过安全接入区接入至智能发电平台智能监盘模块；部分数据则通过5G网络和安全接入区接入至智能发电平台智能检测模块，智能检测模块利用图像识别、深度学习等智能技术和算法处理，综合判断得出巡检结果。通过以上两种方式有效提升智能设备的安全等级和巡检效率，实现人员巡逻值守的替代。5G+智能巡检设备的应用，宜采用专用工业模组，绑定其MAC地址的方式使用。

（3）可将5G专用网络mMTC切片技术应用于工业设备故障诊断。在生产设备上加装功率传感器、振动传感器和高清摄像头等，通过内置5G模组或部署5G网关等设备接入5G网络，实时采集设备运行数据，通过安全接入区接入至智能发电平台的智能监盘模块。智能监盘模块可对采集到的运行数据和现场视频数据进行全周期监测，建立设备故障知识图谱，对发生故障的设备进行诊断和定位。通过数据挖掘、逻辑故障树、专家知识推理等技术，对设备运行趋势进行智能分析与动态预测，并将报警信息、诊断信息、预测信息、统计数据等信息智能推送，可实现设备振动和温度监测、室内外有毒有害气体和粉尘等环境检测。

（4）可应用5G专用网络的mMTC切片技术，并依托移动APP、工业WiFi定位、UWB定位和GPS定位等多源异构定位引擎，建设5G+智能两票系统，全面覆盖工作票和操作票的生成、审批、执行、监管、终结、统计等业务环节。两票责任人在移动APP端，以标准流程开展两票审批。基于动态二维码扫码与区域蓝牙到位识别技术，与两票许可时间相匹配，实现作业到岗、操作到岗精准管控，规范现场作业行为。5G+智能两票系统可实现开票方式多样化、闭环管理线上化、防误管控智能化、操作审批流程化，待办事项自动推送。

（5）可将5G专用网络eMBB切片技术应用于工业设备AR辅助检修。通过佩戴基于5G技术的AR智能眼镜，使检修作业人员获得生动、形象的设备装配、拆解教程。通过5G网络实时采集检修现场数据，进而实时监视与分析大型检修现场的设备状态数据、检修工作数据等；联动设备全寿命周期的检修数据，实现设备AR辅助检修。应用场景包括：汽轮机（水轮机）解体检修、锅炉内部四管检查作业、重大设备技术改造、煤场封闭化改造等。

（6）可将5G专用网络eMBB切片技术应用于5G+智能等级检修管理，实现机组大、中、小修的修前准备、修中安全质量进度控制、修后评价的全过程管理。构建安装检修与质量数字化管控系统，将检修文件包数字化，通过现场平板电脑、智能测量仪器将数据通过5G无线网络传送至智能安装检修管控平台，实现检修过程的安全、质量、工期等数字化管理。

4.3 5G+安全应急

基于5G技术构建智能电站的人员监控全覆盖，结合电厂现有人员定位系统、智能视频分析系统、应急调度系统，实现违章识别、人的不安全状态识别、设备环境不安全因素识别。5G+安全应急的应用对人员安全危化作业等高风险作业安全以及其他安全进行技术管控和可视化管理，实现应急救援和快速处置情况下的人机协同和远程作业协助。

（1）可将5G专用网络eMBB切片技术应用于厂区人员安全防护。结合现场已有的工业WiFi信号、UWB信号、蓝牙信号等多元通信，实现基于5G网络、工业WiFi定位、UWB定位和GPS定位等的多源异构定位引擎。根据不同区域的特点，通过差异化定位与全覆盖定位，实时采集全厂人员信息，实现虚拟电子围栏、周界防护、重点区域和重点房间入侵报警、人员历史轨迹查询等功能应用。在定点区域实现人员不安全行为的识别，如不戴安全帽、不系安全带登高作业、跌倒、吸烟等行为识别，并实时发出预警或警告。

（2）可将5G专用网络eMBB切片技术应用于厂区融合通信。基于厂内PDA巡点检设备、智能机器人、单兵智能终端、对讲设备、语音广播、视频会议和其他终端设备的内网环境自由视频通信通话，构建融合5G专网的通信系统，实现通信调度功能从单纯的话音调度向多媒体多业务融合调度的升级演进。5G融合通信系统可以满足生产调度、作业过程监控、巡检全流程监视、联动报警、隐患拍传、集群对讲或会议的创新技术应用。

（3）可应用5G专用网络的mMTC切片技术，基于5G+人员定位及三维建模，通过集成视频监控系统、智能门禁系统、智能消防系统、ERP系统等，融合电厂人员与设备的安全管理数据，实现信息流的横向、纵向贯通。搭建数据集中展示、处理平台，为各级管理人员提供信息管理工具及决策依据。

（4）可将5G专用网络uRLLC切片技术应用于厂区应急管理。可基于5G网络和卫星通信的方式，构建应急网络通信通道，承载自然灾害、突发事故等应急现场的音视频及数据传输。增设应急5G无人机和5G“背包”等应急设备，不受场地限制，应急人员背上5G“背包”或遥控5G无人机，即可不受场地限制完成事故直播、警情上报和智慧调度等一系列业务应用，大幅度提升应急响应速度和处置效率，应对复杂多变的应用环境。

4.4 5G+智慧管理

将5G网络和管理信息大区的各项业务应用融合，以满足电站经营管理的业务需求。充分利用5G网络大带宽、低时延、大连接、抗干扰的特性，构建具有各厂特色、切实解决经营管理难题的5G+智慧管理模块，助力电力企业向更安全、更低碳、更环保和更智慧等方向发展。可构建“5G+智慧行政”“5G+智慧燃料”“5G+智慧经营”“5G+智慧营销”“5G+智慧物资”“5G+智慧党建”“5G+智慧人才”“5G+智慧班组”等多项业务应用。

（1）可将5G专用网络uRLLC切片技术应用于5G+智慧燃料管理模块。涵盖燃料自入厂至入炉全过程管理，涉及前端设备及系统的接口数据交互、实时状态监测及运行过程控制。结合燃料信息管理及配煤掺烧管理，5G+智慧燃料管理模块可实现燃料的计划、调运、合同签订、自动结算、燃烧优化，并逐步形成各业务环节的自动化、无人化，以减少人为干预。

（2）可将5G专用网络mMTC切片技术应用于5G+智慧物资管理模块。采用5G技术中的D2D技术等，可实现柔性化库存管理。通过人工智能、数据挖掘等技术手段，推进物资管理的规范化、精细化、智能化，进而实现智能仓储管理。

（3）可将5G专用网络mMTC切片技术应用于5G+智慧班组。基于虚拟现实、计算机仿真、三维建模等技术实现人员考评、自主培训、基于5G大连接构建班组一体化电子台账，结合大数据分析，构建更安全、更精细的电站班组管理。

第5章 CHAPTER FIVE

5G 建设典型案例

本书共收录国家能源集团内部11家火力发电公司、2家水力发电公司、3家风力发电公司、1家光伏发电公司的5G+智能电站建设典型案例，分别从案例概览、案例基本情况、案例技术路线、案例应用场景、案例主要成效、案例典型经验和推广前景进行了详细介绍，供5G建设单位参考和借鉴。

5.1 5G+火电典型应用案例

5.1.1 案例1 内蒙古东胜热电：全覆盖全应用示范5G+智慧火电厂

5.1.1.1 案例概览

所在地市：内蒙古鄂尔多斯市

参与单位：国电内蒙古东胜热电有限公司、国家能源集团内蒙古电力有限公司、中国电信股份有限公司鄂尔多斯分公司、国能智深控制技术有限公司、华为技术有限公司

建设模式：自建模式

技术特点：利用全厂无死角覆盖的5G网络，实现广连接、大带宽高速率、低时延高可靠的5G网络接入，实现了全应用场景的5G应用示范。利用5G网络切片技术划分火电生产专用网络，业内首次实现了5G工业控制的安全接入，并开展了多项5G+工业物联网应用。

应用成效：利用5G网络全覆盖的能力，开展各业务场景应用，成效显著：实现检修终端对检修现场进行监控，具备同时监控10个检修现场的能力，有效提升机组临时检修、定期检修效率，提高检修作业安全管理水平；建设5G+生产控制辅助系统，将巡检设备、视频监控、智能巡检、智能安全监控、智能分析与远程诊断等通过5G网络传输至数据中台，构建5G+智慧电厂应用新模式。

5.1.1.2 案例基本情况

国电内蒙古东胜热电有限公司于2005年12月18日在内蒙古鄂尔多斯市注册成立，12月28日正式挂牌。公司规划建设2台300MW等级空冷供热机组，2台330MW空冷供热机组分别于2008年1月24日、6月28日双投产发电。两台机组采用无燃油等离子点火系统，是世界首家无燃油火力发电厂。采用直接空冷技术、城市中水软化补水，较水冷机组节水70%，实现了全厂废水零排放。两台机组连续13年在中电联能效对标中获奖，机组能耗指标保持国内同类型企业最好水平。

传统火力发电厂普遍存在以下生产管理痛点问题：

（1）检修现场管理难题。检修管理采用点检制，由于点检人员数量较少，现场检修作业场景较多，无法做到检修现场实时监控检修现场存在人员违章、工作现场脏乱差等问

题，受限于网络未全覆盖，视频监控无法灵活布置，且视频数据流量过大，同传效率低下，无法形成大规模不安全状态的智能识别判断。

（2）重点区域监管难题。厂区内多个区域包括危险品库房、废油库房、电子间等，存在监控缺失、门禁缺失问题，主要原因是有线监控覆盖的造价高、施工难度大。

（3）生产现场数据收集难题。随着设备精细化管理不断深入，新增大量生产设备及传感器，数据需要收集但由于现场大部分区域缺乏通信网络，很多测量、计量的“次重要”仪表无法大规模部署，造成生产现场设备的测点无法根据需要灵活快速增加。

（4）现场设备自动化水平缺失，有较多的设备需手动操作，受限于控制电缆敷设难度较大，改造为有线远程控制的难度较大。

（5）设备远程状态诊断缺失受限于现场网络缺失，设备故障无法通过视频回传等方式进行远程诊断，故障消除效率不高。

因此有必要在智慧火电体系为主要架构的基础上，引入并深度应用5G网络，提高生产现场安全应急、设备控制和运维水平。通过5G切片技术在燃煤电厂智能发电领域的应用场景及效果，以提升火电厂风内人身安全、生产控制和质量管理水平。有助于了解基于5G网络和火电智能发电运行控制系统iDCS，建立燃煤发电生产过程全流程协同优化运行模式，以推动燃煤火电厂向感知灵敏化、通信连接泛在化、控制智能化、管理智慧化方向发展。通过将5G无线网络接入火电厂生产控制网络，实现了火力发电企业5G网络与工业控制网络的共享融合、5G+DCS的工业物联控制应用模式的零突破。

截至目前，建有5个室内外5G宏基站、37个5G微基站，构建了厂级5G自组织网络，实现了火电厂区0.28km^2 5G信号的高质量无死角全覆盖。5G网络下行速率350Mbps，上行速率160Mbps，网络双向时延小于15ms，支持10^7个终端/km^{2}的连接密度，数据处理能力超过10Gbps。

5.1.1.3 案例技术路线

1. 网络架构

5G网络由接入网、承载网、核心网组成，并增加边缘计算设备（MEC）。

5G网络采用SA方式独立组网建设，以提供高速率、低时延、大连接的可靠网络，支持载波聚合、超级上行等上行增强技术，满足上行高速回传业务能力。5G网络主要包括5G无线系统、传输系统、配套系统三部分，各个系统相互协助配合，能够实现5G设备的正常运转及5G信号的接收、发射、传输和管理。传输系统主要用于实现5G基站的站间传输，包含线路和设备两部分。配套系统主要用于保证基站按照要求安装、开通和运行，包括土建配套、电源配套和其他主设备安装过程中使用的零星材料。

2. 网络安全

采用切片技术部署5G专网，实现端到端的按需定制。将边缘计算（MEC）设备部署在电厂内，与互联网物理隔离（无链路联通），杜绝任何专网服务器暴露在互联网中的风险。在内部即可实现与云计算同样的数据计算，保证数据无链路上传至公网，完全杜绝数据泄露风险。

5G终端经由5G基站，通过MEC边缘计算设备之后，直达厂区服务器，无互联网物理链路，提升了工业企业5G专网的安全性。

3. 5G网络覆盖要求

东胜公司5G网络建设需新增室外宏基站基带单元设备及配套（含基带电源、同步及安装辅助材料）设备5套，室外宏基站5G AAU设备及配套（安装辅助材料）设备15套，室内基站基带单元设备及配套（含基带电源、同步及安装辅助材料）设备13套，室内一体化射频天馈系统设备37套，IPRAN设备6套，基站交流配电箱设备8套，电信级5G CPE设备68套。本项目覆盖目标区域是热电厂厂区，覆盖目标区域共需建设5处宏基站。

4. 5G网络安全接入管理信息网和生产控制网

本项目主要的内容是东胜热电“两平台三网络”架构体系中工业无线网建设，在项目建设中依靠切片技术将5G网络接入管理信息网和生产控制网，建设MEC（移动边缘计算）设备。5G网络服务可支持在统一的基础设施上，切出多个虚拟的端到端切片网络。每个网络切片从无线接入网到承载网，再到核心网，在逻辑上隔离，适配各种类型的业务应用。在一个网络切片内，至少包括无线子切片、承载子切片和核心网子切片。本次项目主要将5G网络切为生产控制无线网和管理信息无线网。

（1）接入生产控制网

MEC设备将5G网络接入辅网DCS系统，并在现场进行网络安全测试，主要包括抗干扰测试、传输速率测试、网络隔离测试、延时性测试等。通过采集相关测量信息，实现生产现场各类测量设备、控制设备、执行机构等快速便捷地接入工业控制系统，并编制5G网络安全接入工业控制系统的规范。

目前接入DCS方案有两种，交换机级联和Modbus协议通信。通过交换机级联的方式直接接入DCS网络，该方式具有接入速度快、延时低、传输带宽大的优点，但缺点是5G网络传输的数据包可以直接接入DCS，网络安全风险较大。另一种方式是通过Modbus协议通信，该方式传输速度有限，但较安全。

（2）接入管理信息网

5G 网络安全接入管理信息大区网络，实现工业无线网络在公司厂区的全面覆盖。利用 5G 网络将公司内部的各类智能化设备，如智能摄像头、智能机器人、巡检仪、个人穿戴设备等，接入 5G 网络，以实现各类生产人员、智能化设备的互联互通。接入方式通过交换机级联接入管理信息网，利用 MEC 设备对接入的终端 MAC 地址进行认证，提高网络安全性。

5. 5G 网络的智能化应用

5G 网络具有低延时、大带宽、高可靠性的特点，东胜公司 5G 网络全覆盖建成后，两平台三网络的网络基础已搭建完成。得益于 5G 网络切片技术，工业无线网可在生产控制网和管理信息网中同时利用。东胜公司在以下几个方面进行 5G 网络的应用。

（1）生产控制网中 5G 智能仪表、智能执行机构的应用

5G 时代所有动作链接和应用场景的实现，都需要靠传感器来完成，传感器已经成为事物相关联的基础硬件和必备条件。在本项目中将部署一定数量的 5G 智能仪表和执行机构在辅网生产现场，利用 5G 网络实现测点的数据传输和控制执行机构动作，主要目的是检测 5G 网络稳定性和延迟性，为 5G 设备在生产现场的大规模应用打好基础。

（2）管理信息网中终端接入 5G 网络中的应用

5G 网络大带宽的特性是物联网建设的优势，东胜公司将现有的机炉 0m 机器人、输煤廊道机器人、盘煤机器人等智能化设备接入网络。利用 5G 网络的便捷性部署一批智能摄像头、5G 个人可穿戴设备、5G 车载通信设备等，完成全厂监控的全面覆盖。利用 5G 网络实现所有智能设备的互联互通，构建工业物联网。

5.1.1.4　案例应用场景

场景 1 名称：首创火电 5G+ 工业控制应用

国电内蒙古东胜热电有限公司基于厂区生产现场全覆盖的 5G 网络，划分专用生产控制网络切片搭建 5G 生产控制无线网络。首次将 5G 专网 uRLLC 切片应用于生产控制网，接入工控域 DCS 系统，以实现生产设备控制，已成功应用于东胜热电生产现场设备控制及系统参数实时监控。通过 5G 远端机实现了设备工控逻辑页面查看、参数监控、趋势预测、预警报警等功能，同时实现了远程指令下发，现场设备即时动作，时延小于 15ms，满足工业控制的低时延、高可靠性要求。严格遵守火电网络安全的分区隔离要求，5G 生产控制网通过 MEC 设备进行精准网络切片划分，建设网络安全可信域，保证数据不出电厂，网络不跨界。在满足工业控制系统网络安全、可靠的前提下，通过 5G 网络实现了异地化、便于部署、高精度的工业控制，打造了 5G+ 工业应用的新模式。

5G 工业参数监视界面如图 5.1 所示，5G 工业控制界面如图 5.2 所示。

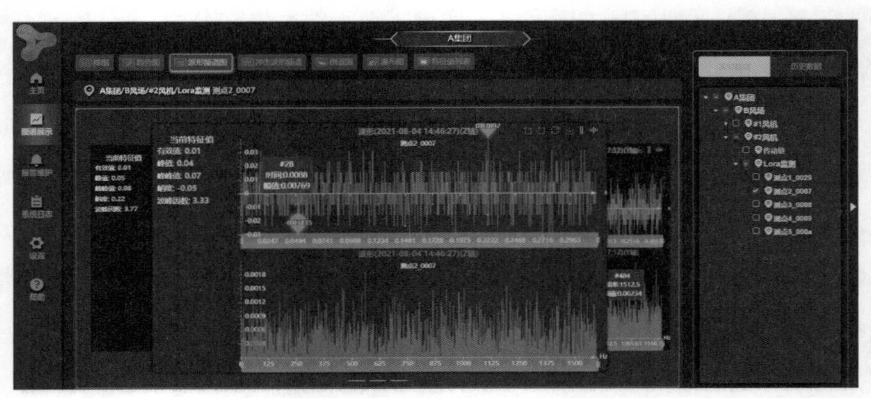

◆ 图 5.1 5G 工业参数监视界面

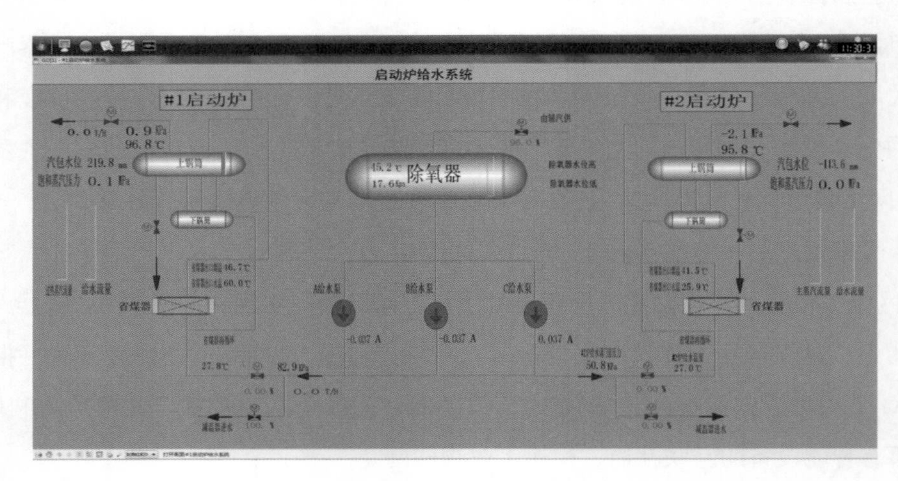

◆ 图 5.2 5G 工业控制界面

场景 2 名称：打造广连接多业务物联网 5G+ 安全管控体系

基于厂区生产现场全覆盖的 5G 网络，在公司全厂范围内大规模部署 5G 摄像头、5G 门禁、5G 定位终端，首次实现了火电厂全厂范围内基于 5G 网络的安防设备部署。基于 5G、边缘计算、AI 处理、机器视觉等技术，将智能摄像头以及东胜公司自主研发的国内首款 28nm 火电智能物联网芯片等智能装备接入 5G 网络，实现了 5G 网络与智能物联网技术的深度融合，真正实现了火电厂内万物互联。利用内嵌于智能物联网芯片的 AI 识别算法，在厂区基础安防门禁、人员定位的基础上，进行人脸识别、轨迹跟踪、人的不安全状态识别等，如安全帽佩戴识别、口罩佩戴识别、倒地识别、情绪识别等。

在厂区智慧园区管理平台部署 5G 应用及数据推送，实现人员统计、风险管控等智慧管理功能。应用于现场安全文明生产作业管理，在已有园区摄像头的基础上，在高风险作业现场灵活部署5G回传作业监控临时摄像头，同时配置视频识别算法的智能边缘计算芯片，对设备管路跑冒滴漏、违章操作、不安全行为、不安全状态、吸烟、形态情绪、体态趋势等进行前端识别。利用5G网络波形赋能的特点，应用人员定位、虚拟电子围栏划分、区域预警等功能。发挥5G可移动应用的特点，补齐火电厂运煤、厂区卸灰车辆的安全管控短板。将以上风险辨识信息统一推送至厂区风险管理平台，进行全厂风险的统一管控。

5G智能穿戴设备系统界面如图5.3所示。

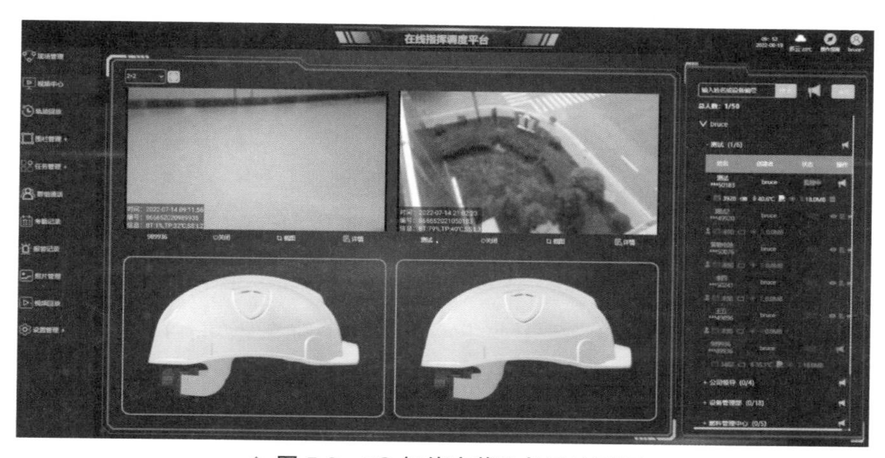

◆ 图5.3　5G智能穿戴设备系统界面

5G人员定位轨迹回放如图5.4所示。

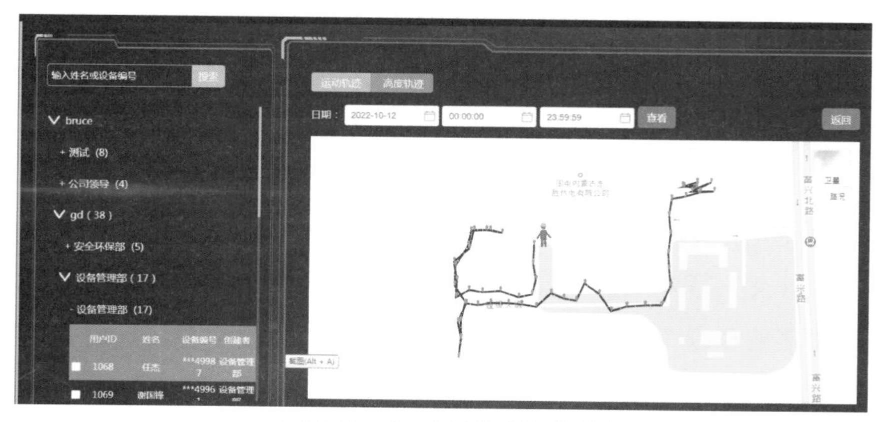

◆ 图5.4　5G人员定位轨迹回放

5.1.1.5　案例主要成效

1. 经济效益

（1）利用5G网络全覆盖的能力，实现智能终端对检修现场的监控，具备同时监控10个检修现场的能力，有效提升了机组临时检修、定期检修效率，从而提高了检修作业安全管理水平。根据每年两次定期检修测算，每年约可缩减检修工期 5.2 天，节约人力成本 36 万元，争取电量利润 200 余万元。减少检修设备故障约 7.9 次 / 年，节约设备检修及维护更换费用约 31 万元 / 年。

（2）搭建基于 5G 技术的高速工业无线网，建设 5G+ 生产控制辅助系统，将巡检设备、视频监控、智能巡检、智能安全监控、智能分析与远程诊断等通过 5G 网络传输至数据平台，在智慧企业建设中可节约材料费 35 万元，施工费 150 万元。

2. 环境和社会效益

厂区内 5G 网络可将生产现场的仪表、传感器、阀门、马达等现场设备，与以工业过程智能控制系统（ICS）为核心的智能控制中心链接为一体，形成一个宏观上的厂区级“智能节点”。覆盖城域或城际范围的 5G 网络，又可将大量的厂区级“智能节点”链接为一个工业运行网络，形成真正意义上的“工业互联网”。基于上述前景，研究 DCS 与 5G 技术的结合点，实现融合 5G 网络的工业过程智能控制系统，必将成为驱动工业互联网蓬勃发展的关键赋能技术，为促进传统工业生产过程向“泛在感知、深度分析、智能控制”的现代智能化工业生产过程转变，构筑坚实平台基础。

3. 成果奖励（省部级以上）

（1）“基于 5G 技术的工业无线网在智能化火电应用”入选国家工信部 2022 年工业互联网试点示范名单工厂类试点示范。

（2）“东胜热电基于 5G 技术的工业无线网在智能化火电厂建设中的实践应用”获 2022 年国家工信部第五届“绽放杯”5G 应用征集大赛全国总决赛二等奖。

（3）“行业首个全覆盖、全应用示范 5G+ 智慧火电厂”入选国家能源局 2022 年度能源领域 5G 应用优秀案例集。

（4）“5G 新基建和边缘计算芯片在智能火电厂建设中的实践应用”获 2022 年度中国电力科学技术进步奖三等奖。

（5）“5G 新基建和边缘计算芯片在智能火电厂建设中的实践应用”获 2022 年第三届安全科技进步奖三等奖。

（6）“5G 新基建和边缘计算芯片在智能火电厂建设中的实践应用”获 2022 年度中国能源研究会能源创新奖技术创新奖二等奖。

（7）“5G 新基建和边缘计算芯片在智能火电厂建设中的实践应用”获 2021 年度国家能源集团科学技术进步奖二等奖。

（8）“基于 5G 技术的工业无线网在智能化火电中实践应用”获评中电联 2022 年电力

5G 应用创新典型案例。

5.1.1.6 案例典型经验和推广前景

5G 网络在传统火力发电厂的深入应用，对于传统工业转型升级具有重要意义。通过探索构建全厂范围内的 5G+ 生态，将火电板块的业务纳入其中并进行拓展开发，实现了 5G 商用领域的新突破。5G 网络的低时延特性，使物联网应用向着高精度工业控制领域迈进，提升了物联网智能化应用的宽度和广度。首次将 5G 专网 uRLLC 切片应用于生产控制网，接入工控域 DCS，实现生产设备的 5G 控制，是传统燃煤火电在工业物联网的一次有效尝试与探索。产学研用合一的 5G 联合研发实践模式，也将为 5G+ 工业互联网创新提供新典范。

5.1.2 案例 2 国电电力上海庙电厂：5G+ 智慧火电厂

5.1.2.1 案例概览

所在地市：内蒙古鄂尔多斯市

参与单位：国电电力上海庙公司

建设模式：自建模式

技术特点：①采用 5G 大功率小基站结合数字化室分系统，实现火电厂全厂区复杂环境及众多钢结构屏蔽环境下的 5G 网络信号无盲区覆盖，满足火电厂从工程基建期至生产运营期全阶段无线网络使用需求，满足火电厂智慧应用的 5G 全连接。②采用轻量化核心网全下沉组网方式，充分利用低时延、高可靠的网络特性，保障 5G 无线业务落本地，与外界进行网络隔离，确保网络不易被非法入侵或攻击，保障无线通信数据传输的安全性，适配火电厂的电力规约。③采用在 5G 网络与火电内网之间部署 5G MEC 边缘计算云平台，提供基于 5G 网络的智能化服务、物联接入管理服务和智慧应用软件的弹性部署服务，支持数据本地分流，实现云计算服务下沉边缘节点，提供定制化高质量业务体验。④采用 5G 网络共享 MOCN 技术，提供一套接入网对接多个核心网的组网能力，通过多个轻量化核心网安全隔离分别独立接入火电厂生产管理大区和生产控制大区，从而实现不同安全区的智慧应用业务。

应用成效：①网络速率大幅提升，实现对核心区域的重点保障以及厂区的全连接。网络部署完成后，5G 网络速率相较此前公网实际速率提升 5 倍以上。重点保障电控楼、主厂房等区域网络，电控楼平均 RSRP 达到 –53.68dBm，覆盖强度达到 1 类级别，平均 SINR 达到 37.3，抗干扰能力达领先水平，平均上行速率达到 116.98Mbps，满足运行控制要求；主厂房平均 RSRP 达到 –78.8dBm，全区域覆盖强度达到 3 类级别，工作人员能在厂区的任意位置（包括室内和室外）发起各种业务，平均上行速率达到 55Mbsp，满足大规模作业环境下的智能设备的使用要求，确保了厂区业务的全连接。②支撑数十种火电智慧应用在不同业务域的安全使用，提升建设运营效率。电厂 5G MOCN 全下沉网络完成后，已支撑包括人员定位、AR 眼镜、巡检单兵、巡检机器人等在内的数十种 5G 应用。此前，火电厂主要靠人工方式进行建设、运营管理，这种方式存在人力成本高、隐患发现不及时、监控回溯效率不高等问题。电厂 5G 专网赋能相关应用投入使用后，智能应用在替代人工重复作业、危险区域作业、促进多部门协调沟通等方面效果显著，整体提高了电厂效益。

5.1.2.2 案例基本情况

国电双维内蒙古上海庙能源有限公司于 2011 年 8 月成立，由国电电力发展股份有限公司和中国双维投资有限公司共同出资组建，负责内蒙古上海庙煤电一体化发电机组筹备建设工作。内蒙古上海庙电厂位于内蒙古自治区鄂尔多斯市鄂托克前旗上海庙能源化工基地，规划建设 4×1000MW 超超临界间接空冷火电机组，为国内最大在建火电项目，项目建成后将通过“内蒙古上海庙—山东临沂线路”向山东电网送电。目前其 1 号机组（2×1000MW 超超临界发电机组）已于 2021 年 12 月 27 日正式投产发电，成为全国首创超超临界间接空冷火电机组、全国首例以能源大数据为基础的全面智慧化机组。2 号、3 号、4 号机组分别于 2022 年 7 月 9 日、2022 年 12 月 31 日、2023 年 5 月 22 日投产。上海庙项目工程建设总目标：建成绿色燃煤电站示范工程和智慧燃煤电站示范工程，打造具有全球竞争力的世界一流智慧火电项目。

火力发电厂普遍存在痛点和需求：

一是提高协同效率。电厂机组之间并未覆盖统一网络，建设区、生产区、管控区仍通过传统固定电话进行沟通，导致电厂的生产、建设和管控存在较大壁垒，难以实现多专业多区域实时协同。由于网络覆盖有限，部分业务场景无法支持实时数据同步、多点视频会议等功能，远程专家无法同步、高效地协助处理现场的复杂问题和紧急故障。

二是保障运行安全。一方面需要确保无线通信网络系统不会与原有仪控设备相互干扰，满足电磁兼容性相关要求，保障网络在电厂复杂的施工、生产环境下安全运行。另一方面需要确保电厂数据安全，达到上级监管部门《电力监控系统安全防护总体方案》的相关要求，确保网络不被非法入侵或攻击、接入侧均与外界进行网络隔离，高标准保障无线通信数据传输的安全性。

三是支撑业务拓展。网络建设需要满足电厂工程基建期至生产运营期的使用需求，满足各类智慧电厂应用需求。不仅要求无线网络与多种应用平台互联互通，也要求系统能够满足各类无线终端的使用要求，让电厂用户在各类应用场景下都能享受到优质的无线通信服务。

因此，有必要通过构建基于5G无线覆盖和全场景应用的智慧火电厂，并根据电力业务的安全需要分析现场网络情况，给出最优的网络安全接入方案和配套的智慧化应用，这将有利于从根本上解决上述问题、实现上述需求，助推火电厂数智化转型，打造一流智慧火电厂。截至目前，已建设24个室外大功率宏基站、200多个5G分布式皮基站，实现了火电厂全区域5G信号高质量无盲区全覆盖以及地下10m至高空300m的纵向深度覆盖。50个用户/100m^{2}容量情况下，通信平均速率上行大于120Mbps，下行大于300Mbps。

5.1.2.3 案例技术路线

1. 网络架构

电厂无线通信系统应将电厂工业物联网平台、宽带通信、监控和管理系统、信息安全四个系统集于一体，并通过上层接口与多种应用平台互联互通，提供定位、语音通信与调度、宽带数据传输、信息采集等综合服务。

系统采用5G无线专网技术，在电厂厂区室外部署大功率小基站，完成室外厂区的信号覆盖，同时兼顾部分室内区域覆盖。室内区域根据具体场景及容量需求，部署5G分布式基站，保证电厂用户在各种应用场景下均能享受到优质的无线移动通信服务。交换机采用物理堆叠的方案，保证设备的健壮性。5GC控制面使用2套环境进行主备容灾，保证业务的快速切换。用户面UPF采用多套负荷分担，同时进行容灾备份，保证业务的连续性。最终实现把核心网落到本地，本地核心网网元包括UPF、AUSF、UDM、AMF、SMF、PCF、NSSF等，保证网络没有外联边界，实现数据不出厂区。

2. 电厂应用业务的无线接口资源隔离设计

5G网络在无线接口上，针对不同的电厂应用业务，分别按照隔离要求，在时间维度和频率维度为不同的应用业务分配传输资源，如图5.5所示，可实现不同业务间的无线接口资源的物理隔离和逻辑隔离。

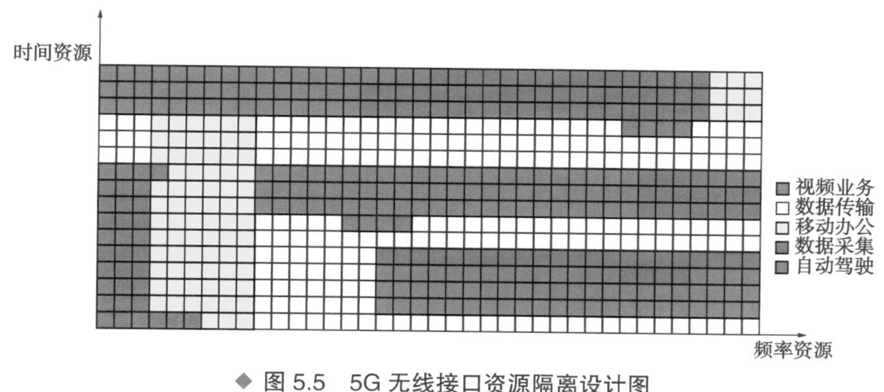

◆ 图5.5 5G无线接口资源隔离设计图

3. 电厂应用业务的 5G 传输设备资源隔离设计

5G 网络中，UE、基站、UPF、交换机是承载电厂应用业务传输的核心设备。为了在基站和 UPF 中满足不同业务的隔离要求，可在基站及 UPF 侧通过配置不同的物理接口、VLAN、访问控制的方式，实现不同应用业务的不同走向，达到电力安防的物理隔离和逻辑隔离要求。

5G 传输设备资源隔离设计图如图 5.6 所示。

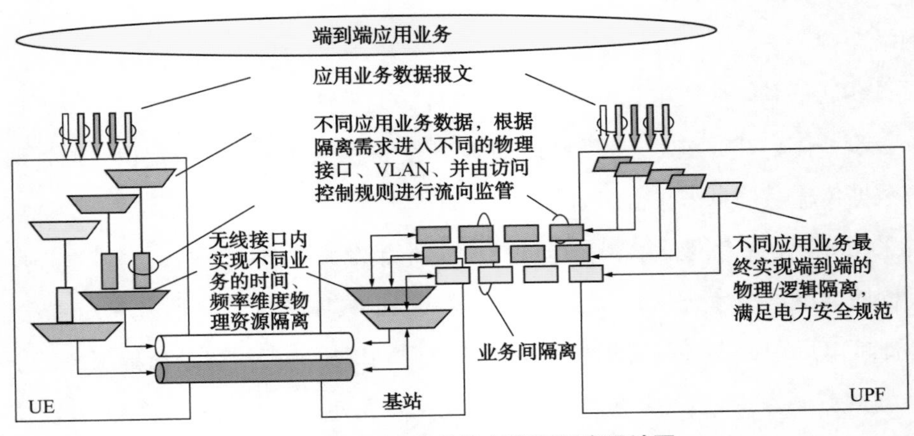

◆ 图 5.6　5G 传输设备资源隔离设计图

（1）接口间隔离可实现通过不同物理接口满足隔离业务的需求，达到特定业务端口专用的目的。

（2）通过划分 VLAN，可在网络内部对不同业务的广播域实现区分，将不同类型的应用业务在不同逻辑信道内进行传输，达到业务间逻辑隔离的效果。

（3）访问控制功能可根据 5G 传输设备中对于各类业务的不同流量规划，进行业务流向疏导；在基站、UPF，交换机内，通过配置特定的 ACL，实现对特定应用业务的识别，并根据访问控制规则，对识别到的应用业务进行限速、转发指向等流量规划动作，达到指定业务流向，规划业务传输路径的目的。

4. 电厂应用业务的 5G 网络切片设计方案

在无线接口资源和传输设备资源隔离配置的基础上，5G 网络针对端到端传输要求，对所有隔离配置设计进行整体编排，实现业务端到端的隔离需求和性能需求。

（1）从 UE 到 UPF，按照不同的带宽、时延需求，分别在无线接口、本地传输网络分配出所需的传输资源。

（2）无线接口和本地传输网络同步关联，分别按照相同需求的隔离要求、VLAN 规划、访问控制规划进行配置，确保特定隔离要求的 UE– 基站 –UPF 路径对于业务传输的唯一性。

（3）同一个切片内，可以针对不同类型的应用业务进行传输承载，达到特定业务在特定切片被特定用户使用的需求目的。

（4）每个切片由 5G 网管统一进行编排，实现无线接口、内部传输网络、业务需求、业务保障的统一配置和资源协调。

5G 网络切片设计图如图 5.7 所示。

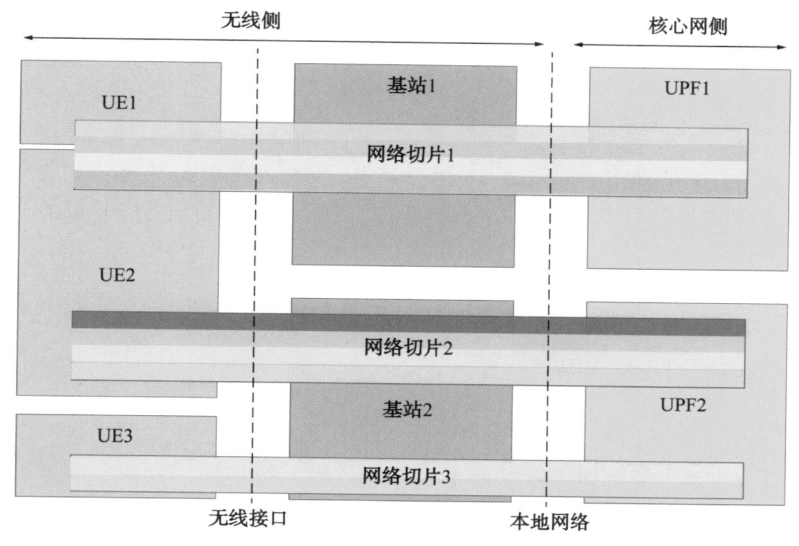

◆ 图 5.7　5G 网络切片设计图

5. 生产无线专网安全管控

生产无线网络能够实现全网的安全管理，包括 IP、MAC 的盗用问题等。对于接入用户进行详细的认证和管理，通过提前录入的员工号识别用户终端，禁止非法人员接入网络。无线专网系统支持和第三方终端管理系统关联，终端管理系统通过终端与用户身份属性的动态绑定，实现通过用户员工号来关联所领用的终端。

（1）终端所安装的电厂内部软件应用及后续开发的应用需支持对登录用户身份进行安全认证，并支持 SSO 单点登录。

（2）5G 终端接入认证需支持 USIM 卡认证方式。

（3）5G 专网需支持终端与 USIM 卡的机卡绑定与解绑，机卡绑定后只有专网终端与专网 USIM 卡严格匹配方能接入专网，如专网 USIM 卡与绑定终端设备分离，系统立即停止对应 USIM 卡的通信服务功能。5G CPE 设备（WiFi 与 5G 的转换设备）需支持双向认证及黑白名单管控功能，对于接入 5G CPE 设备的 WiFi 终端，严格保证其合法性和安全性。

6. 5G 无线网络整体覆盖

5G 无线专网系统包括核心网、无线接入网、应用平台及接入终端四个层面，同时配备统一的网管系统，5G 无线专网通过安全隔离装置与电厂内网进行数据交换。

总体方案采用 SA 组网架构，采用完全新建 5G 网络模式，建设范围包括新基站、回程链路以及核心网，充分保障网络的高可靠低时延性能。传统的 5G 建设方案大多采用公网核心网 +MEC 方式部署，公网核心网完成信令数据的交互，MEC 完成本地数据的卸载，MEC 和公网核心网之间通过防火墙等安全设备实现逻辑上的业务隔离，无法真正解决数据传输过程中的安全风险问题，本方案采用全系统本地化部署，尤其是核心网系统均部署在电厂本地，可真正实现与公网完全物理隔离。

本方案建设电厂 5G 无线专网，覆盖范围包括主厂房、化水、输煤、输灰、脱硫等室内及室外全部区域。采用室外 5G 大功率宏基站，结合室内分布式皮基站，进行网络深度覆盖。基于 5G 大功率宏站 + 数字化室分的组网方式，建设覆盖全厂范围的一条 5G“高速公路”，同时利用 5G 的低时延、高带宽、高可靠性、高安全性、广连接等性能特点，建设厂区范围内的无线通信网络。

对于电厂室外区域的覆盖，可采用大功率宏基站设备完成覆盖，室内区域利用分布式皮基站完成补盲覆盖。除平面区域外，还有上下立体区域，例如输煤廊道等涉及地下结构区域，另外空中无人机运行区域或者是烟塔上需要安装鹰眼的区域，通过灵活部署以及调整室内外基站及天线的相关参数，宏皮结合，可实现全区域的 5G 信号深度全覆盖，满足生产需求。

电厂 5G 无线专网系统采用不同功率等级的多个 5G 分布式皮基站进行组网覆盖，为保证系统性能，使用运营商专用授权频段，同频复用的方式进行整体组网规划。

7. 5GMEC 构建厂区边缘云平台

MEC 边缘云平台，基于 5G 全连接能力、边缘计算能力、物联接入管理能力、网络智能化能力，灵活弹性地以虚拟化、容器化方式实现智慧应用积木式组合与创新突破业务边界，实现网络自运维、IT 设备与服务统一监管、统一运维，降低网络运维成本，提高服务稳定性和可靠性。

大量计算处理在边缘云中进行，可降低终端性能要求和成本。边端支持设备的实时性控制，云端实现整体调度，分布式的业务架构，支持云边能力协同。网络与业务协同，实现差异化定制化、灵活路由，打造低时延、高带宽的智能连接。云边能力协同，延展云服务边界，改善云服务质量，打造便捷的、无处不在的云。MEC 业务管平台和 MEP（MEC 平台）全套一体化部署在边缘节点，以提高应用系统的可扩展性以及应用的底层一致性和稳定性。

8. 5GMOCN 多核心网组网方式，实现跨电力业务域的安全接入

采用 5G BBU 创新型资源动态分配技术，划分独立物理资源和通道，分别多套轻量化全下沉 5G 专网核心网。

轻量化 5G 核心网分别经防火墙配置安全策略接入电厂生产管理大区或电厂生产控制大区。不同生产业务区，专卡专用，互相隔离，互不干扰，从根本上解决火电厂多区域的智慧业务应用与协同问题。

9. 基于 5G 全连接场景的智慧化应用

（1）针对电厂人力成本高、专家稀缺、故障难排等问题，将 5G 无线移动技术与电厂传统巡检结合，研究出适用电厂的智能巡检机器人。

（2）针对电厂建设期施工人员多，安全隐患大的问题，研究通过高效、低时延的 5G 无线移动网络进行人员定位、安防视频回传等。

5.1.2.4　案例应用场景

场景 1：基于 5G 的智能巡检

○ 无人机巡检

无人机作为“会飞的探头”，其本质上首先是一种数据采集设备，在提供无人机标准飞行能力（即无人机自动起降、自动巡航、自动图传的能力）基础上，利用无人机实时回传的图像与遥测数据以及无人机采集的静态媒体数据，针对性地开发不同应用场景的独立应用程序，通过人工智能技术实现对电厂安全环境的智能识别，无人机在自动化巡飞的过程中实时发现外形故障、温度异常等各类异常情况，及时进行可见光、红外热成像取证、分析与报警、位置标定，并在第一时间内生成告警。无人机和机库之间通过射频网络连通，无人机机库在物理站址、云端操作中心之间通过 5G 网络实现连通。

在 5G 组网方案方面，通过 5G 工业路由器进行现场组网，利用电厂提供的 5G 卡实现同机库、无人机之间的联动控制，详细组网图如图 5.8 所示。

应用自主智能识别算法，能够对无人机回传的电厂巡线 6K 超高清影像、红外热遥感影像数据进行实时 AI 图像识别，能够满足在发生设备异常、温度异常的同时进行第一时间报警并生成报告。

在常态化电厂巡检过程中，AI 应用云能够自动发现和辅助判定烟囱、钢铁、高压线路等生产厂区内主要构建筑物外形检测缺陷及风险、异常状态及异物，大大降低漏检率、误检率。可在电厂建设期，将电厂主要建筑质量、施工质量数据化，并作出智能分析。在使用中综合电厂建设数据、实时传感数据和巡检数据，预警早期缺陷及风险，同时也极大

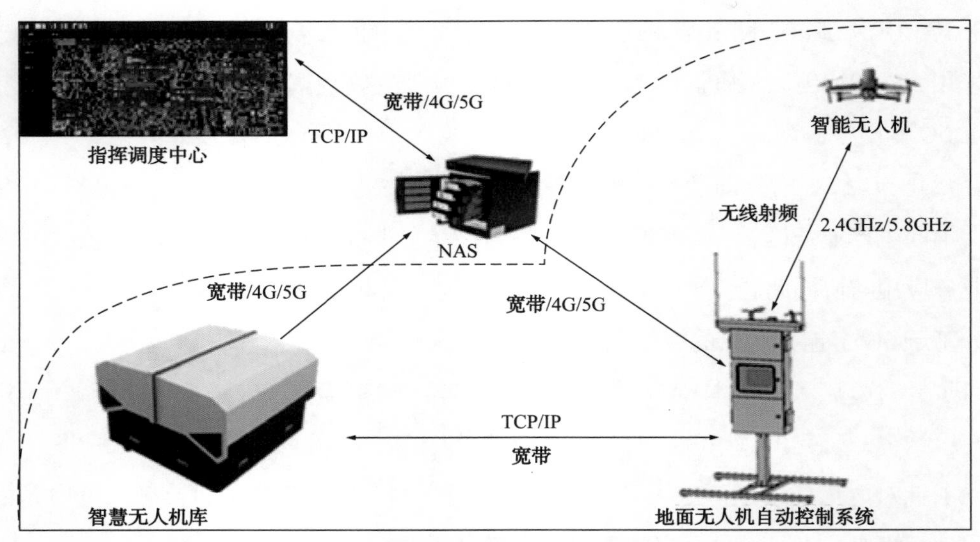

◆ 图 5.8 无人机巡检系统

地降低了艰苦恶劣高危环境下的人工现场作业频次和强度，降低了建设和使用成本。

（1）烟囱冷却塔检测

利用机载可见光相机对烟囱冷却塔进行识别检测，烟囱冷却塔外侧悬停，首先使用广角镜头观看烟囱冷却塔整体情况，其次拉近镜头，查看具体位置情况。实时回传烟囱冷却塔整体情况，同时利用算法进行图像识别，快速准确判断烟囱冷却塔外墙完整情况、外墙健康程度，提升烟囱冷却塔检查的速度与准确性，消除泄漏隐患。

（2）烟火智能识别

在厂区消防安全巡检过程中，通过 AI 烟火识别算法实时检测识别是否存在违规用火或火灾事故，准确检测早期火灾发生时的烟雾和明火区域，系统及时告警联动厂区消防安全负责人和专业灭火力量，以及时做出反应。

（3）高压线路外形检测、异物检测

主要进行高压线路的外形识别，以及异物检测，发现异物后进行预警事件推送。

（4）主要建筑物外形检测、异物识别

利用机载可见光相机对主要建筑物进行识别检测，查看具体位置情况。实时回传整体情况，同时利用算法进行图像识别，快速准确判断主要建筑物外墙完整情况、外墙健康程度，消除泄漏隐患。

○ 机器人巡检

在地面端，使用吊轨式、轮式巡检机器人，搭载温湿度、噪声、有害气体检测等多种传感器，对设备生产运行环境进行监测，并通过 5G 高速网络将机器人搭载的摄像头画面实时传输至后端进行视频分析、识别，实现表计数值读取、环境监测、抛锚滴漏识别报警。通过机器人巡检代替人工，有效降低人员职业健康风险，提高巡检效率，降低人员成本。设备安装 5G 专用卡将数据传输至最近的厂内 5G 站点，再通过 5G 宏站、网关进入 5G 核心网，通过加密方式与厂内办公网络相连，最终实现智能巡检设备与系统、用户的实时数据传输、实时互动。

○ AR 巡检

传统电厂巡检存在弊端，巡检人员携带多种设备，双手被占用，妨碍检查，无法实时了解巡检人员状态，现场发现问题反馈沟通方式有限，漏检、错检时有发生，巡检过程难以追踪，巡检结果无保障，人工记录容易发生疏漏，纸质化表单不易保存、管理、分析，查询历史数据繁琐，且不直观形象。针对传统电力巡检的痛点，为电力企业量身打造的电力 AR 智能巡检系统，采用双目 AR 眼镜，结合 5G 技术，进行可视化巡检，实时记录执行结果，自动上传执行记录。

APP 巡检辅助系统：客户端安装于 AR 眼镜内，是巡检人员工作中所使用的智能化核心，其功能包含：巡检任务、拍照、录像、语音识别、扫码、远程协助、紧急呼叫、知识库等。全球领先 AR 技术，告别纸质化传统巡检方式，彻底解决漏检疏忽，每项巡检内容均可设置视频或图片指导，巡检人员还可随时调取图纸、资料，减少新人培训周期，让员工更快成长为超级巡检员，让企业更快更安全地发展。

智能巡检后台管理系统：巡检后台管理系统可支持部署于本地服务器，管理员可通过专用账户进行操作管理，其主要功能包含了巡检人员信息管理、巡检 AR 设备管理、智能工作流编辑、巡检记录等、远程协助专家端。

与现场业务管理系统（IMS）深度融合，将 IMS 系统巡检任务、执行用户二维码同步至 AR 智能巡检系统，巡检人员在 AR 眼镜端通过 APP 巡检辅助系统扫码登录后，在智能巡检页面未领取任务中选择专业、时间、区域领取任务，在我的任务中选择领取的任务进行巡检。

AR 智能巡检如图 5.9 所示。AR 端 APP 包含了扫一扫、拍摄、文本、视频、警告、提示等操作和显示方式，通过语音输入执行每一步并记录巡检数据，在每一个页面左下角都同步显示当前可执行的语音命令；在巡检过程中可随时查看设备运行实时数据等普通巡检方式无法查看的信息；巡检人员利用 AR 眼镜查看数据并进行状态的判断，有效提升巡点检的安全性及工作效率。将完整巡检过程中的画面记录并存储至巡检系统。

AR 设备巡检如图 5.10 所示。

◆ 图 5.9 AR 智能巡检

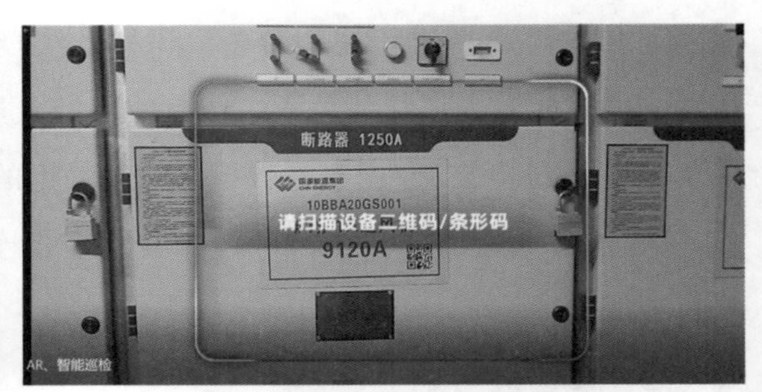

◆ 图 5.10 AR 设备巡检

场景 2：基于 5G 的远程专家辅助

设备出现问题时，专家不能第一时间到达现场，与此同时专家的远程沟通效率低下，导致解决问题所需时间较长。通过 5G+AR 远程工程师诊断系统帮助一线人员快速处理问题。硬件组成为：AR 智能眼镜、5G 通信网络、本地服务器。

5G+ 远程专家辅助流程如图 5.11 所示。

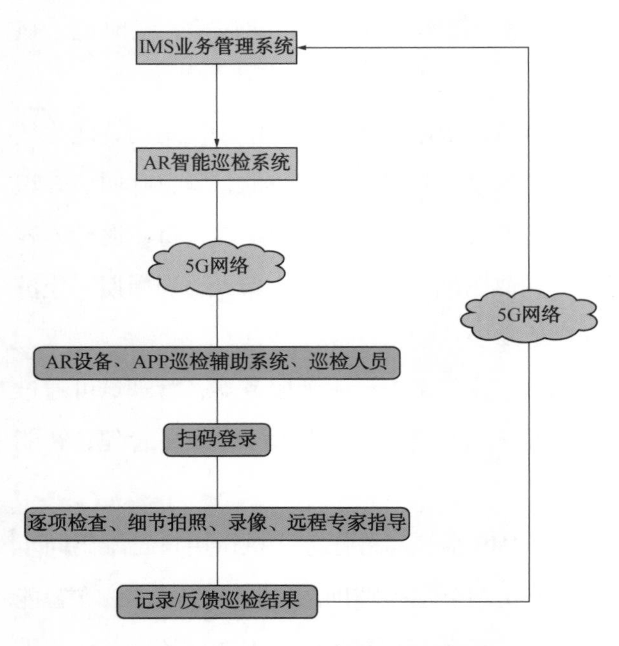

◆ 图 5.11 5G+ 远程专家辅助流程

检修人员佩戴眼镜，将现场画面实时传导至后端，与后端专家共享视角进行专家指导，通过语音与检修人员互动。此工作台使用针对于专家端角色使用权，通过登录专家端账号，可接听 AR 执行人呼叫远程协作，专家端可一边给执行人指导一边通过发送图片以及文字、文件等方式辅助 AR 执行人。

5G+ 远程专家辅助现场如图 5.12 所示。

◆ 图 5.12 5G+ 远程专家辅助现场

有 AR 眼镜的地方就有工程师，通过 5G+ 远程专家辅助系统，可降低沟通成本，提升效率，沉淀知识。

通过服务平台可以让工程师资源团队通过不同设备平台与现场人员佩戴的 AR 智能终端进行音视频实时交互，让后端工程师可通过第一视角对现场进行有效的业务指导，同时可以利用现场的其他外部信息采集设备获取最快最新的现场问题数据，为工程师团队远程会诊提供最可靠的数据参考，快速帮助一线业务人员解决疑难杂症。当现场人员遇到无法用本地化支撑解决问题时，可呼叫远程专家进行指导，通过总部工程师资源进行业务指导，通过 AR 智能终端分享第一人称视角，让远程工程师快速感知现场状况，最高效地服务一线业务。加快故障诊断速度，减少设备停机时间，加强工程师与生产现场联络，提升工作效率。

5.1.2.5　案例主要成效

1. 经济效益

本创新成果应用于国电电力双维上海庙发电有限公司 IMS 智慧管理平台项目。经项目研究及现场验证取得了一系列研究成果，具体包括通过对各类设备的选型、监测及无人机巡检适用场景进行分析，总结提出了无人机巡检在火电厂的实施方法、组网方式巡检场景及与第三方的接入规范；将 AR 技术引入火电厂巡检作业，赋能人工巡检，并实现与远程专家实时互动，提高巡检作业水平，降低精细化巡检作业成本，研发形成空地一体化巡检管理系统。创新性将多种巡检手段融合重构，在一套系统中实现多种智能巡检设备的管理、调度，实现多种巡检手段的相互补充、多种巡检设备系统作业，全面保障火电厂设备、设施安全生产。

（1）利用基于 5G 的智能巡检，通过在输煤区域、升压站区域、10kV 电子间等区域实现无人巡检，可减少 3 个巡检人员工作量，每年可节省人力成本 75 万元。基于 5G 的远程专家辅助，一年可节省专家费用 50 万元。系统运行中，持续为企业节省成本费用，间接减少安全损失、提升管理水平、降低管理成本 100 万元。

（2）搭建基于 5G 技术的高速工业无线网，在智慧企业建设中可节约材料费 20 万元，人员施工费 100 万元。

2. 环境和社会效益

基于 5G 安全、高效的专用网络，实现了火力发电厂大数据系统、生产、管理、经营数据链路融会贯通。提升了火力发电工厂的智能化、无人化的实践深度和广度。本项目中 5G 网络建设采用“设备租赁、核心网下沉”等模式，解决了 5G 应用成本问题，同时解决了网络安全问题，在 5G 应用的商业模式上做出创新。

3. 成果奖励

荣获内蒙古自治区 2022 年自治区重点产业（园区）发展专项资金项目。

5.1.2.6 案例典型经验和推广前景

利用 5G 组网方式、实施方法、接入规范等，为火电厂无人巡检、智能巡检提供了有益的借鉴和参考。将 AR 技术引入火电厂巡检作业，赋能人工巡检，并实现与远程专家实时互动，提高了作业的专业化水平，降低了精细化巡检作业成本，对 AR 在火电厂的技术应用做出有益探索。

5.1.3 案例 3 国能宁海电厂：5G 建设及应用

5.1.3.1 案例概览

所在地市：浙江省宁波市宁海县

参与单位：国能浙江宁海发电有限公司、中国移动通信集团浙江有限公司宁波分公司

建设模式：租赁服务形式

技术特点：基于 5G 网络超大带宽、超大连接和超低延时的特点，实现无线蜂窝网络的连续覆盖。5G 系统采用 SA 架构，专网下沉一套 UPF 网元，通过专网 DNN 实现业务切片，实现公司专网数据不出厂，移动 5G 大网与公司专网隔离。

应用成效：利用 5G 网络全覆盖的能力，逐步开展各业务场景应用，目前已实现智慧消防、智慧照明等应用。

5.1.3.2 案例基本情况

国能浙江宁海发电有限公司位于宁波市象山港畔的宁海县强蛟镇。目前公司总装机容量 4626.31MW，包括一期工程 4 台 630MW 亚临界燃煤机组和二期工程 1 台 1055MW 超超临界燃煤机组、1 台 1000MW 超超临界燃煤机组，厂内 14.56MWp 光伏发电项目（厂内一期光伏）和厂内新能源示范园项目（36.75MWp）。首台火电机组（一期 2 号机组）于 2005 年 12 月 31 日投入商业运行，是中国电力装机容量突破 5 亿 kW 标志性机组。整个火电工程于 2009 年 10 月 14 日建成投产，一期工程获得国家优质工程金质奖，二期工程获得中国建设工程质量最高奖项“鲁班奖”。厂内一期光伏项目于 2021 年底全容量并网，厂内新能源示范园项目于 2022 年 6 月份全容量并网。

数字化发展过程中的痛点问题包括：

随着电厂数字化建设的深入，智能智慧项目的落地，智能化设备数量激增，诸如视频摄像头、计量仪表、物联设备等，安装位置遍布全厂各个区域且有移动需求。如此的应用

场景部署有线网络已经不能解决，部署工业无线的工作量及难度非常高，因此有必要在智慧火电体系为主要架构的基础上，引入 5G 专网，5G 网络既可以实现 5G 设备的连接，也可以利用 CPE 等设备实现 5G 和 WiFi 之间进行转换，实现 WiFi 网络的连接，同时利用 5G 高带宽、大连接、低延时的特点，真正解决全厂无线网络覆盖的难题。

宁海电厂目前已经完成了 5G 专网的部署，实现厂区全覆盖，目前只划分了一个网络，与办公网连接，没有使用 5G 切片技术划分多个逻辑子网，该网络通过防火墙与公司办公网络实现隔离。

目前正在部署华为 NOE.M+ UPF 智能单板方案，用于 5G 专网保障，通过 UPF 软探针、终端 Agent、CTS 拨测等数据源实现业务连接拓扑可视、业务质量监控、通信终端监控、故障定界等功能。

5.1.3.3　案例技术路线

宁海电厂 5G 专网为移动 2.6G 频段，采用租赁服务形式。电厂与移动公司的设备界面以 UPF 接入电厂内网的防火墙为界。宁海电厂 5G 专网已完成厂内室外部分宏站站点共计 5 个的建设。

采用在电厂中心机房 401 新建客户独享入驻 MEC，入驻 MEC 与机房内的客户防火墙互联再到电厂核心交换机，5G 终端通过国能浙江宁海发电厂 5G 基站再通过专用 DNN+ 切片接入入驻 MEC，与电厂侧机房服务器实现双向访问，实现数据不出厂及保证时延。

信令数据通过 5G 基站、SPN 组网，到 5G 核心网进行终端鉴权，AMF 通过切片信息选择 SMF，SMF 通过选择到入驻 MEC 的 UPF。

数据流通过 CPE、工业网关等 5G 终端连接 5G 基站，经过移动 SPN 组网，到达入驻 UPF，通过电厂内网最终转发至电厂内部服务器，实现数据不出厂。

1. 5G 网络基础设施建设

（1）无线覆盖方案

5G 专网建设项目总计开通 5 个 5G 宏站和 2 个 5G 室分，共包含 13 个宏站扇区和 2 个室分扇区，上行峰值速率 135Mbps，下行峰值速率 930Mbps，端到端双向平均时延约 30ms 以内。

厂区道路及各办公楼覆盖率达到 100%，2 个室分覆盖汽机房 0~25m 层、集控楼等重点覆盖区域，目前正在建设中，建设完成后可达到 100% 覆盖，电厂内整体覆盖率达到 95% 以上。

（2）入驻式 MEC 建设

入驻式 MEC 包含 2 台服务器、2 台交换机和 2 台防火墙，入驻式 MEC 转发性能为 10Gbps。防火墙旁挂在交换机旁，交换机与企业防火墙对接。

◆ 图 5.13　锅炉 50m 层钢架上安装的宏基站

（3）宏站建设方案

宁海电厂的厂内宏站有 3 个，分别建在厂区码头的山边、化学楼顶和 6 号机组锅炉房，充分利用了地理环境和锅炉厂房结构，减少了基站塔的建设数量，降低了建设成本和安全风险，提高了建设速度。

锅炉 50m 层钢架上安装的宏基站如图 5.13 所示。

2. 5G 专网亮点

（1）切片方案

5G 专网下沉一套 UPF 网元，通过专网 DNN 实现业务切片，实现电厂专网数据不出厂，大网与电厂专网隔离。

网络切片是通过切片技术在一个通用硬件基础上虚拟出多个端到端的网络，每个网络具有不同网络功能，适配不同类型服务需求。针对大网业务使用物理资源虚拟出一个切片网络，之后再针对企业专网需求，使用物理资源再虚拟出一个专网切片网络，两个切片网络分别调用不同的 5G QCI 策略，之间相互隔离（图 5.14）。

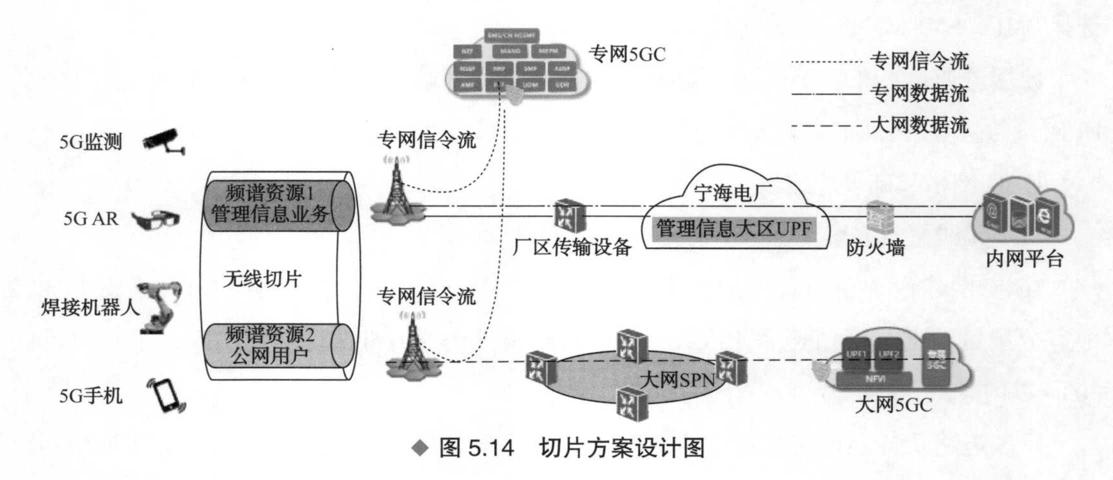

◆ 图 5.14　切片方案设计图

（2）5G MEC 网络安全

MEC 移动边缘计算，3GPP 定义了控制面和用户面分离的网络架构，UPF 是边缘计算的数据锚点；ETSI 定义了 MEC 的商业框架，包含软件架构、应用场景和 API 接口。UPF

是 ETSI 与 3GPP 网络架构融合的关键点。

MEC 边缘计算安全方面，通过安全启动、主机安全防护、安全度量与远程证明、镜像签名四大措施，首先确保边缘计算的设备安全。

- 安全启动：基于硬件可信，根启动阶段逐层校验软件合法性。
- 主机安全防护：对 MEC 上的关键进程、文件、账号等进行监控和分析。
- 安全度量与远程证明：启动和运行期间，上报软件度量值，确保软件合法运行。
- 镜像签名：对核心网网元软件镜像加载支持签名认证。

MEC 业务数据安全方面，确保电厂数据不出厂区。

①核心网

下沉到电厂的 UPF，通过 SMF 下发的分流策略，实现基于 DNN（数据网络名称）的本地分流，防止业务数据出园。

携带有 SIM 卡的终端开机时与 5G 核心网的 AMF 等网元之间进行双向鉴权，鉴权通过后，SMF 的下发分流策略，将 SIM 卡绑定专网 UPF 设备。终端的所有数据流均是通过 UPF 转发到企业内网，实现业务数据不出电厂。

②传输回传网

通过相关基站上开启 VLAN，与下沉电厂的专网 UPF 对接，确保数据 VLAN 隔离。

③无线网

SIM 关联特定的切片 ID、DNN 及基站 TAC，本项目将宁海电厂的专网站点设置特定的 TAC，只有当终端进入该 TAC 的覆盖范围内时，才能接入网络。

无线网通过软隔离和硬隔离两种方式实现切片，区别在于使用的 RB 资源是否独享。不同用户划分不同的 QoS，基于 QoS 软隔离。不同的用户在空口开启了加密和完整性保护，本质上也是一种隔离手段，确保了用户的数据不被窃取。基于 RB 资源的硬隔离，为不同类型的用户分配独立的 RB 资源，其他用户无法抢占这部分 RB 资源。

3. 5G ToB 园区网络保障

华为 NOE.M+UPF 智能单板方案，通过 UPF 内置软探针等多种技术手段实现快速故障定界，实现故障一键自动定界，定界过程可视化。实时进行 UPF 内置软探针分析和业务连接质量分析；基于业务路径还原进行多连接关联分析；终端 Agent 实时监控 CPE 状态和无线覆盖质量；端侧和网络分段拨测，精准定界故障。UPF 内置软探针部署无须额外电源、机架，节省空间及部署成本，且工具硬件与 UPF 统一维护，极大提升了运维效率。

网络保障如图 5.15 所示。

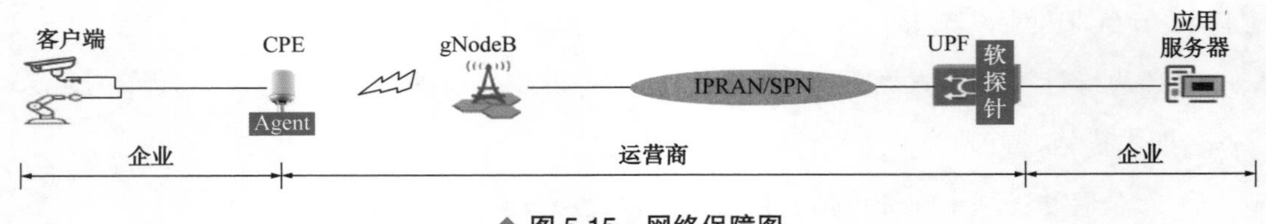

◆ 图 5.15 网络保障图

5.1.3.4 案例应用场景

场景 1：消防水地下管网阀门状态及水压监测

项目针对宁海电厂消防水系统优化涉及的关键技术难题进行研究，使消防水系统更加智能化、可视化。通过增加阀门监测开关的物联网设备，实现阀门状态的监测；在合理位置安装水表，实现消防水管道中的水压变化监测；通过对消防水管网进行三维建模，合并阀门监测、水压监测数据形成可视化的消防水系统管理（图 5.16）。

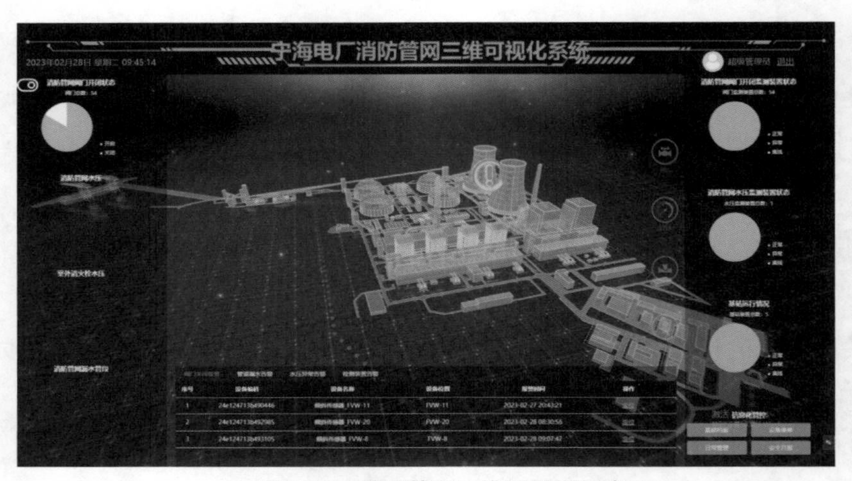

◆ 图 5.16 消防管网三维可视化系统

阀门监测开关、水压监测装置均采用物联设备，终端设备通过无线网络接入 LORA 基站，LORA 基站接入 CPE，再由 CPE 设备通过 5G 组网，实现整个系统的测点及服务器互联。

场景 2：智慧照明

项目利用智能控制器连接智能灯具，实现锅炉照明的智能化，智能照明控制策略包括时间周期规则，将灯具设置好周期规则，以保证现场照明安全；光感规则，以三取二的环境照度阈值确认，判断环境照度；物感规则（人感、声感等），当人经过所辖区域自动开启或加载光源至 100% 功率，离开感知区域 15min 后（可调），自动恢复至预设功率或关闭。

智慧照明管理系统如图 5.17 所示。

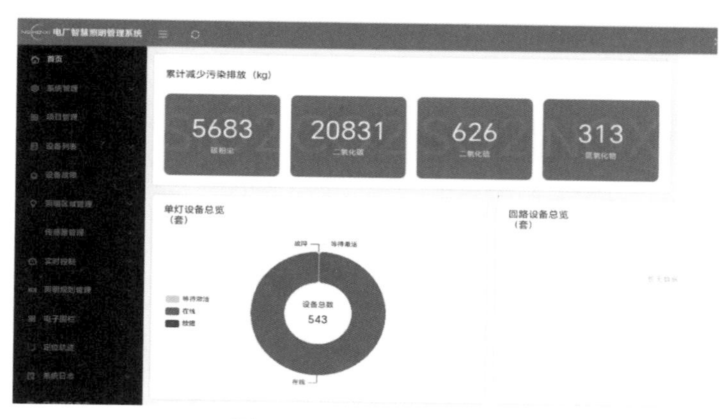

◆ 图 5.17 智慧照明管理系统

项目选择支持 LORA 无线通信的 LED 灯具，具备数据的采集、计算、分析、上传、存储的功能，通过无线网络接入 LORA 基站，LORA 基站接入 CPE，再由 CPE 设备通过 5G 组网，实现整个系统的测点及服务器互联，利用智能边缘计算控制器进行灯具的全面控制。

5.1.3.5 案例主要成效和推广前景

宁海电厂 5G 网络建设先行，同步实施的智能智慧项目尚不算多，从目前两个利用 5G 网络实施的项目来看，5G 网络覆盖广、低延时、高带宽的特点为全厂智能智慧应用全面无线化、物联化打下了坚实的基础，加快了电厂的数字化转型的步伐。

5.1.4 案例 4 江苏宿迁电厂：全连接 5G 示范智慧火电厂

5.1.4.1 案例概览

所在地市：江苏省宿迁市

参与单位：国家能源集团宿迁发电有限公司、中国电信股份有限公司宿迁分公司、国能信控互联技术有限公司

建设模式：租赁模式

技术特点：以 5G 全连接工厂为核心抓手，利用 5G 广连接、大带宽高速率、低时延高可靠接入特性，深入推进“5G+ 工业互联网”新技术、新场景、新模式向工业生产各领域、各环节深度拓展。共同探索 5G 协同研发设计、柔性生产制造等贴近工业生产的应用，推动云化控制、5G 工业算网一体、5G 极简网络、5G 高精定位等关键技术有效落地。

应用成效：依托电力能源产业优势，加强跨界合作创新，与内外部生态合作伙伴共同探索形成融合、共生、互补、互利的合作模式和商业模式，开展基于 5G 通信的工业控制与监测网络升级改造，实现生产控制、智能巡检、运行维护、安全应急等典型业务的技术验证及深度应用；将 5G 技术引入生产经营流程，5G+ 光伏、5G+ 热网、5G+ 移动作业等

应用场景，提升企业生产效率和经营效益，有效推进 5G+ 生态共享能源综合体项目，实现数字化转型、智能化升级、智慧化发展。

5.1.4.2 案例基本情况

国家能源集团宿迁发电有限公司（以下简称宿迁电厂）于 2015 年提出“数字化智慧型电站”总体规划，2017 年作为国家能源集团首批智慧煤电建设试点单位，开创了智慧煤电建设先河，开启了国有企业数字化转型新篇章，被行业授予“电力行业示范智慧电厂”“电力科普教育基地”等称号，有效推进宿迁生态共享能源综合体项目，加快企业数字化转型。

铸就能源一心两脉，绿色之旅

江苏宿迁电厂在技术创新的驱动下，数字化转型进一步提出了新挑战，不断探索 5G 技术融合转型新路径，突破形成能源综合服务新业态，为碳达峰碳中和目标贡献技术力量和社会价值，有效加快企业的标准化、智慧化高质量发展。

拥抱生态网络体系，共创价值

依托电力能源产业优势，加强跨界合作创新，与内外部生态合作伙伴共同探索形成融合、共生、互补、互利的合作模式和商业模式，将 5G 技术引入生产经营流程，5G+ 光伏、5G+ 热网、5G+ 移动作业等应用场景，提升企业生产效率和经营效益，实现数字化转型、智能化升级、智慧化发展。

再造员工社会契约，赋能一线

让员工深入组织和生态体系，不断做出贡献并开展创新，塑造社群意识。通过智能控制优化、智能设备巡检、智能诊断预警、智能输煤岛、智能环保岛等功能深入研究与应用，解放一线频繁重复工作，提供数据分析能力，持续优化智能发电运行控制平台。

建设结果导向组织，打破孤岛

将整个组织所需的专业技能、知识、技术、数据、流程和行为聚集在一起，以结果为导向，优化资源配置。以集团 ERP 为核心，深入研究数字孪生、智能安全、智能巡检、智能诊断、智能燃料、智能仓储、智慧经营等智慧化应用，满足企业管理和决策数字化转型需求。

响应数字中国布局，创新发展

加快 5G 网络与千兆光网协同建设。通过网络架构创新、运营模式创新，更好地服务业务需求，深化 GPON 光网在电力行业的应用，与 5G 优势互补，共同给传统企业带来生产方式、经营管理的数字化变革，推进企业基础设施升级与信息化应用，为赋能企业数字化转型提供支撑。

目前成立了与国能信控互联技术有限公司和国能智深控制技术有限公司共同创研工作室；与东南大学成立了校企协同研发基地；与中国电信、中国移动签订了战略合作协议。这些举措推动了企业持久迭代的数字化转型。

5.1.4.3　案例技术路线

1. 室外宏站 + 新型数字化室分

国家能源集团宿迁发电有限公司 2021 年提出建设 5G 智慧工厂项目，并要求通过 5G+UPF 下沉方式实现。应用 5G 典型能力（上行大带宽、切片、QoS、DNN、边缘 UPF 等），实现 5G 工业互联网行业分类中的如下场景：智慧工厂的视频传输、数据采集等。

由于生产运营业务具有一定保密性，数据不出园区，UPF 部署模式为园区共享型。为了持续满足增长的终端接入需要，选取扩展比较好的华为 2B UPF 设备 E9000H–4 以满足业务本期及未来发展需要。

比邻建设模式，使用公网 3.5G 5G 频段。基站部署在企业厂区内，UPF 部署在运营商机房，通过 IP 承载网与核心网打通，核心网部署在南京，企业园区网络由运营商统一管理运维。园区专有设备产生的数据经 UPF 分流至企业服务器，实现数据内网传输，即室外宏站 + 新型数字化室分的覆盖方式。

室外宏站：国家能源集团宿迁发电有限公司总占地约 47 万 m^2，覆盖区域广、用户量较大。本项目 5G 室外站规划，首先是 4G、5G 站址的 1∶1 建设，考虑厂内车间分布较密集，室外新增站点 5 个（表 5–1）。

表 5–1　新增站点

站址名称	站址属性
宿迁洋北蔡沟	4G、5G　1∶1 组网
宿迁洋北热电南	4G、5G　1∶1 组网
宿迁洋北热电	新增覆盖
宿迁洋北热电北	新增覆盖
宿迁洋北热电西	新增覆盖

室内分布系统：考虑到发电厂厂房内设备数量与流量需求和建设成本，计划在厂内车间使用传统室分（无源室分）覆盖。

2. 基于 5G 专用网络“省 – 电厂”新能源监控系统

在国家能源集团江苏电力有限公司内部专线局域网络基础上，按照组建“省 – 电厂”5G 专用网络的建设思路，省公司统一规划，采用同一技术路线，各单位基于火电、光伏、风电等业务需要，自主建设，与省公司有线网络有线打通，形成江苏公司“有线 +

无线”全覆盖网络。

火电网络建设方面，火电企业厂侧5G网络建设采用统一的5G组网架构和建设标准。原则上采用5G+MEC下沉的方式进行各厂5G网络建设，5G网络与有线网络间部署网络边界防护设备。直接面向终端侧提供业务服务的核心网用户面功能（UPF），根据不同业务场景时延要求，结合移动边缘计算技术（MEC）下沉至更靠近用户的网络边缘层级进行分布式部署。

为确保数据安全性，应按照“能下沉的数据尽量下沉”的原则开展建设。电厂内部原则上要新建UPF设备，实现电厂内部数据的本地化，5G室分或宏站根据实际业务需求建设。

厂侧内网和5G专网要采用双防火墙＋双UPF组网方式，确保网络安全稳定。5G相关应用终端数据采集在5G内部网络完成，将结果数据传输到厂内有线网络，并通过防火墙、IPS等设备增强电厂内部不同网络区域的安全防护。各电厂5G专网与省中心点5G集中管理平台通过OTN专网互通，通过边界防火墙实现逻辑隔离。

光伏网络建设方面，光伏电站分为厂内光伏电站、集中式光伏电站和分布式光伏电站，分别采用不同的网络建设方式。

（1）厂内光伏电站，已建设有5G专网的电厂，光伏电站可以通过5G CPE终端接入5G网络，然后与电厂内网实现通信。光伏电站距离厂内机房网络入口距离小于3km的，优先采用光缆接入电厂内网。

（2）集中式光伏建设，新建OTN专线直接汇入到省中心网络；也可以就近接入临近电厂内网，再通过电厂OTN网络汇入到省中心网络。

（3）分布式光伏电站，可采用5G定制DNN方式。具备4/5G信号覆盖的分布式光伏电站，可使用运营商5G定制DNN方式，接入就近已建设5G专网的电厂，直接复用电厂下沉的UPF。其中4G覆盖区域设备接入5G定制网需要运营商核心网进行配置。具体的组网方式根据分布式光伏电站的地理位置基础网络情况确定。

5.1.4.4 案例应用场景

场景1：基于5G专用网络智慧热网建设

为保障热网、厂内通信安全，热网终端数据不使用公网方式。运营商申请DNN专网业务，运营商部署一条专线到电厂端，并建立专用APN接入点给现场热网终端使用，热网终端更换定向流量卡只能连接至专用DNN接入点，获取私有IP与热网服务器通信，提高网络安全性。

智能热网系统由监控中心服务器、通信网络、现场采集子站、现场计量设备组成，具有能耗数据采集、数据传输、计量管理、监督、实时数据库存储、关系数据库存储、预警干预、报表生成、流程显示、实时 / 历史趋势显示、分析图表生成、网页访问等功能。

现场各监测点由不同的一次仪表（现场变送器）实时测量（包含涡街流量计，压力变送器，温度传感器等），测量物理信号输入智能仪表中，数据在仪表中处理、显示并保存记录，然后通过仪表的通信接口和 GPRS Modem 相连。GPRS Modem 再将仪表中的数据通过 5G 专网发送到宿迁电厂内部网。服务器接收到各个计量站子系统的数据参数，然后通过上位机监控软件显示给终端客户，同时，客户也可以通过上位机软件查询各个计量站的计量参数和设备使用情况，并能通过上位机软件控制计量站系统中的通断阀门，实现对计量系统的远程控制。

场景 2：基于 5G 网络的智能化码头建设

为码头定制化 5G 专用网络、高精度定位网，实现多网合一，支持超大带宽、超低时延、边缘计算、高精度定位等功能。

将码头网络监控、堆场等信息集成于一个平台，支持接入码头原有的业务系统，实现码头的生产运营可视化管理和业务集中化运营。当燃煤到达电厂码头后通过卸船机卸货完成后，通过 5G 网络采用视频回传方式形成影像材料，同时也通过软件记录到货数据，上传并保存至系统，并能对该材料按照统一的命名方式命名，便于人工检索，随时调看历史录像，使作业全流程可控、在控，具有可追溯机制，提高管理水平、降低廉政风险。

利用 5G 大连接、广覆盖特性，对外集卡运输流程全程跟踪，主动推送码头忙闲信息，提前规划车辆调度，缓解码头灰车及船拥堵状况，自动过磅、自动通关。同时闸道增加车牌自动识别等设备，实现外拖车牌自动识别抬杆。

场景 3：5G+ 无人机智慧光伏巡检系统

在光伏电站投入使用后，因各类因素，运维需求明显上升。传统的光伏运维手段是工作人员必须来到光伏场站，高举扫描仪或借助升降车进行太阳能板的检查，危险系数高、效率低、成本高，同时，天气过热或过冷都会对运维人员的作业产生影响，标准化程度低，不利于企业的长久发展。

而相比于这样的人工巡查方式，5G 智能无人机光伏巡检系统有着巨大的优势。通过无人机自动机场、无人机、5G 大带宽以及云端智能光伏识别系统构成的智能无人机自动光伏巡逻系统，搭载红外热成像及可见光设备，从高空俯瞰光伏电站并快速获取图像或视频数据，并通过 5G 网络快速回传至云端的图像识别系统，精准判别出多种设备故障，如龟裂、污点、蜗牛纹、植被遮挡、损坏、焊带故障等。

5G+ 智慧光伏如图 5.18 所示。

◆ 图 5.18 5G+ 智慧光伏

场景 4：5G+ 移动视频监视

针对厂区人员分散，无法实时知悉厂区人员分布和状态，不便于实现厂区的现场管理的情况，通过 5G 网络智能化大规模应用三维建模、虚拟电子围栏、智能门禁、视频监控联动、智能视频识别、智能可穿戴设备，采用“5G+UWB”双网一体化方案来实现人员定位管理。

UWB 高精度人员定位管理系统，采用局部有线汇聚 +5G CPE 的松耦合方案。通过 PoE 交换机对单元区内 UWB 基站进行组网供电，由 CPE 将汇聚数据通过 5G 网络回传用户，再通过 MEC 进行数据下沉，回到厂内服务器上进行处理。这样解决了数据上公网的安全、资费和路径延迟等问题，节省了部署光纤、网线、施工、管理运维等多方面的综合投入。5G 的传输能力，也更好地满足了位置服务技术在未来智慧电厂的持续演进。实时监测、诊断、分析、报警和反馈控制生产现场人员、设备、工作流状况，实现发电厂全天候、全方位、智能化的安全管控。

场景 5：5G+ 智能机器人巡检

利用 5G 云计算平台，部署输煤智能巡检机器人，实现了自主导航、智能报警、视频回传且具备可视能力，同时兼备防水 / 防潮 / 防腐蚀特性，每四小时执行现场巡检任务一次，全天不间断工作。提高了正常巡检作业和管理的自动化和智能化水平，为智能电厂和无人值守电厂提供创新型的技术检测手段和全方位的安全保障，同时也极大地降低了人员成本。

5G+ 智能巡检如图 5.19 所示。

5.1.4.5 案例典型经验和推广前景

在 5G 通信技术、现代传感技术、工业互联网技术、自动化技术、机器视觉技术等先进技术的基础上，通过智能化的感知、人机交互和执行技术，自主实现生产制造过程、仓储过程、物流过程、安全防控过程、决策过程和制造装备智能化的数字管控，并

◆ 图 5.19 5G+ 智能巡检

进行了优化，从而使生产效率、生产质量、安全系数大幅提高。跳出了传统企业边界，从企业效益实际出发去优化企业。

5.1.5 案例5 江苏泰州电厂：基于5G+工业互联网技术在电力企业的应用

5.1.5.1 案例概览

所在地市：江苏省泰州市

参与单位：国能信控互联技术有限公司、中国电信股份有限公司泰州分公司

建设模式：自建模式

技术特点：在厂区内部署全覆盖的5G网络，通过共建共享，实现广连接、大带宽高速率、低时延高可靠的5G网络接入，实现了全应用场景的5G应用示范。利用5G网络切片技术划分火电生产专用网络，开展了多项5G+工业物联网应用。

应用成效：利用5G网络全覆盖的能力，开展各业务场景应用，成效显著：通过5G+技术的企业建设，建成了数据与业务“双中台”，实现数据与业务的可持续沉淀，打造区域级智慧中枢的工业互联网平台。主要解决设备健康、智能运行优化、精益检修、智能安全、智能运维等应用场景中，存在网络传输速度慢等诸多难点问题。

5.1.5.2 案例基本情况

泰州发电有限公司成立于2004年1月，目前总装机容量400万kW，是江苏省内最大的火电厂之一，创造了中国火电发展史上多项纪录。二期工程两台机组是国家科技部“十二五”科技支撑计划项目，国家能源局高效煤电示范项目，其中3号机组是世界首台百万千瓦超临界二次再热燃煤发电机组，发电煤耗为256.8g/kW·h，发电效率达到47.82%，主要技术经济指标处于世界领先水平，并入选“国家十二五科技创新成就展”和“阿斯塔纳能源博览会”，受到习近平总书记、李克强总理等党和国家领导人的高度重视和充分肯定。

泰州电厂在信息化、智能化建设过程中也遇到了一些痛点问题。

（1）安全管理缺少及时管控手段。安全检查人员数量有限，安全巡查的频率、细度有限。

（2）高风险作业缺少监督手段。高风险作业传统方式是采用人工监督，这样会造成监督可靠性低、超时作业、人员无授权闯入作业区等弊端。

（3）外委人员难于管理。外委人员管理一直是发电厂管理的难点和重点，存在作业范围大、人员众多、安全意识淡薄、风险识别能力低、对现场不熟悉、安全培训走形式等问题。

（4）到岗到位无法有效监督统计。日常工作中，作业人员到底去没去生产现场，停留了多长时间，是否存在溜岗串岗现象，都缺少有效手段监督和统计。

（5）车辆与人员缺少实时监控手段。在煤场、灰库等作业区域，车辆进出时间不准确、实时位置无监控、路线轨迹无跟踪，容易导致车辆、人员发生危险。生产区域设备数量多、现场环境复杂，人工巡检专业性要求较高，人工巡检劳动强度大，存在漏检、误检等安全风险隐患。

（6）在企业信息化升级过程中，有线传输的组网方式存在施工困难、维护不便等问题，4G 或 WiFi 组网技术无法满足企业数据高速、稳定、安全传输的业务需求。

以上存在的痛点问题其他各行业都类似地存在，泰州电厂针对问题积极探索，针对每项问题逐个突破，首先摆脱 4G 或 WiFi 组网技术的困扰，解决网络数据传输的瓶颈问题，决定采用搭建 5G+MEC 组网方式。在此基础上利用 5G+UWB 等技术，充分挖掘 5G+ 工业互联网的应用技术。在汽机房、锅炉房、煤场、升压站等复杂生产环境中部署安全监控、人员定位、智能巡检、无人值守等 5G 应用。提高厂区的人员安全性和管理效率，降低厂区生产安全隐患，并降低维护成本，节省人力物力，提升数据安全性，同时可大大降低时延，满足低时延高可靠业务需求。这种技术也可以为各类行业涉及物联网应用提供可行性探索，功能扩展也大大提升了 5G 综合应用服务能力。在大数据、物联网、移动互联、智能控制等新技术的快速发展环境中全面提升企业智能化、信息化管理，这种 5G+ 的建设给企业的智能化发展带来无限可能。

泰州电厂在厂区内合计部署 13 个宏站 AAU 和 96 个室分，实现厂区 5G 信号全覆盖；部署入驻式 MEC 系统一套，备用共享式 MEC 系统一套，建设边缘计算能力，实现数据内网传输，保证数据安全性；利用 5G 移动终端实现升压站机器人巡检，利用 5G+UWB 实现人员精准定位。深度融入智能制造，借助 5G 技术实现智慧化安全生产。

5.1.5.3 案例技术路线

1. 网络架构

5G 网络架构是由接入网、承载网、核心网以及边缘计算设备（MEC）组成。

MEC 是一个“硬件 + 软件”的系统，通过在移动网络边缘提供 IT 服务环境和云计算能力，以减少网络操作和业务交互的时延。MEC 是靠近“物”和“数据源”的网络边缘侧，融合网络、计算、存储、应用等核心能力的开放平台。MEC 就近提供边缘智能服务，以满足行业数字化在敏捷连接、实时业务、数据优化、智能应用、安全与隐私保护等方面的关键需求。

2. 5G+MEC 解决方案

用户访问场景包括：

（1）园区用户访问公网。电厂园区内用户通过无线设备接入访问公网，在 MEC 上的设备会根据用户的策略表，通过泰州电信的传输网络，访问到省大区核心网，进而访问公网。

（2）园区用户访问内网。电厂园区内用户访问厂区内网的服务器，通过厂区内无线信号，在区县传输网做路由判断，转入到 MEC，MEC 经过用户策略判断允许访问内网服务器。

（3）园区外用户无法访问内网。电厂园区外用户如果访问厂区内网的服务器，通过区县传输网判断，禁止访问厂区内服务器。

3. 网络安全

5G 继承 4G 的安全能力，5G 安全标准持续增强；用户数据 128 位加密、用户面数据下沉、用户完整性保护，ID 明文传输、网络级业务安全策略、不同接入采用不同鉴权方式，漫游用户数据明文传输。

终端经由 5G 基站，通过 MEC 边缘计算设备之后，直达厂区服务器，无互联网物理链路，提升了企业私网的安全性。

4. 5G 网络覆盖情况

泰州电厂在厂区内合计部署 13 个宏站 AAU，安装位置主要在码头楼顶、灰库楼顶、煤场、办公楼顶等；96 个室分，主要布置在一、二期生产区域房体内部，实现厂区 5G 信号全覆盖；部署入驻式 MEC 系统一套，备用共享式 MEC 系统一套，建设边缘计算能力，实现数据内网传输，保证数据安全性。

5.1.5.4 案例应用场景

1. 5G+UWB 人员定位技术方案

基于 UWB 的人员定位应用是泰州智慧电厂建设的重点应用。人员 / 车辆定位在厂区内汽机房、煤场、码头、输煤廊道、升压站等安全生产区域合计部署近 1000 个人员定位基站，分区域定位基站通过 POE（Power Over Ethernet，有源以太网）交换机汇聚后连接 5G CPE，经过 5G SA 专网与定位服务器实现数据通信，如图 5.20 所示。

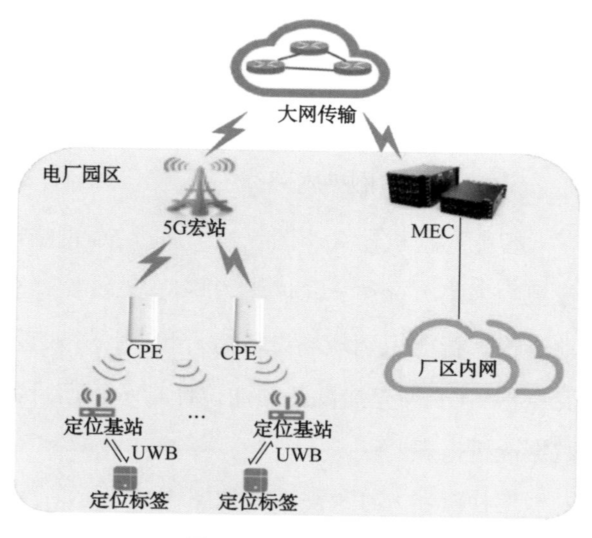

◆ 图 5.20 5G+ 人员定位

UWB（Ultra-Wideband，超宽带）是一种无载波通信技术，利用纳秒至微秒级的非正弦波窄脉冲传输数据。脉冲覆盖的频谱从直流至 GHz，不需常规窄带调制所需的 RF（Radio Frequency，射频）频率变换，脉冲成型后可直接送至天线发射。脉冲峰峰时间间隔在 10~100ps 级。频谱形状可通过甚窄持续单脉冲形状和天线负载特征来调整。UWB 信号在时间轴上是稀疏分布的，其功率谱密度相当低，RF 可同时发射多个 UWB 信号。

2. 5G+ 人员定位的内容

采用 5G 网络实时反馈 UWB 人员定位数据，经过厂区的 MEC 回传至企业内网，通过高精准位置数据管理系统，三维可视化电厂区域内工作人员的实时位置和移动轨迹；结合两票系统、门禁系统、视频监控系统、周界报警系统，实现对重大操作、高风险作业的在线监控和实时干预，保障现场人员的行为可控、位置可视，如图 5.21 所示。

◆ 图 5.21　基于 5G 的人员轨迹图

3. 5G+ 巡检机器人

智能巡检机器人（图 5.22）通过 5G 网络回传数据，可在监控中心远程操控。通过图像视频采集、标注、深度学习算法及 AI 图像分析，实现定时、周期自动巡检以及夜间自动巡检。智能识别现场设备运行状态，并对设备的外观，断路器、隔离开关的分合状态，变压器、CT 等充油设备的油位计指示等运行数据进行拍照回传，在平台自动生成监控及数据分析报表。

巡检机器人红外热成像如图 5.23 所示。

◆ 图 5.22 正在升压站巡检的机器人

◆ 图 5.23 巡检机器人红外热成像

4. 5G+ 移动监控

移动摄像头具有携带方便、部署灵活、减少布线等特点，适用于应急指挥、视频诊断等重要场景。采用 5G 接入的移动摄像头，实现在厂区覆盖范围内快速部署移动监控。通过 5G 网络回传现场数据，在移动端、PC 端、江苏公司调度值班室大屏进行实时直播，同时还可在现有视频监控平台添加设备，实现视频存储和回放功能，如图 5.24 所示。

◆ 图 5.24 泰州电厂部分图像识别效果

5.1.5.5 案例主要成效

1. 经济效益

通过数据中台和 5G+ 的工业互联网技术的应用，实现增量数据采集、提升数据资产管理水平，融合公司生产数据、经营数据，实现数字化管理，平均每月减少设备缺陷约 8%，降低巡检强度 30%，提升安全管理水平 50%，优化了生产过程，提高了管理效率、设备可靠性和人员安全水平，降低了巡检强度。有效提升了电厂人员管理水平，管理人员能够随时掌握生产人员的在岗在位信息和运动轨迹，便于调度管理，提升了用工安全性。减少了有线网络的建设维护成本，降低 50% 的线路接入成本 100 万元；降低人员巡检的频次，减少巡检人员 4 人，节省 80 万元 / 年；提升现场设备安全性，减少维护频次，节省 50 万元 / 年；减少安全事故发生，节省 100 万元 / 年。

2. 成果奖励

（1）中国电力市场协会安防专业委员会“智慧安全主动性防御体系研究及实践”五星创新成果。

（2）入选中国电力企业联合会 2022 年电力 5G 应用创新优秀案例。

（3）获评 2022 年全国电力行业设备管理创新成果特等项目奖。

（4）泰州市工业互联网“5G+ 工业互联网”示范项目。

5.1.5.6 案例典型经验和推广前景

“5G+ 工业互联网”在泰州电厂智慧企业建设项目中的成果，符合国家关于推动新一代信息技术与制造业的深度融合，是 512 工程的成功示范。在智慧电厂下一步建设中，5G+MEC 边缘计算将赋能更多场景，为智能锁、虚拟现实、工业数据采集等应用场景提供可靠的数据连接。5G 驱动，数据赋能，借助 5G 专网的大带宽、广覆盖、低时延、多业务承载优势，泰州电厂实现了智慧生产、智慧安全。这种技术可以为各类行业涉及物联网应用提供可行性探索，功能扩展也大大提升 5G 综合应用服务能力，尤其适用于电力、化工、运输、医疗等行业。益海粮油（泰州）公司、江苏富华新型材料科技有限公司等企业已经按照此项目成果进行实施，汇海粮油等企业正在准备实施。

5.1.6 案例 6 国能台山发电厂：全覆盖 5G+ 智慧应用示范火电厂

5.1.6.1 案例概览

所在地市：广东省江门台山市

参与单位：国能粤电台山发电有限公司、中国联合网络通信有限公司广东省分公司

建设模式：租赁模式

技术特点： 通过在厂区建设室内外 5G 基站和部署电厂专属的边缘计算 MEC 平台，实现全厂 5G 网络覆盖，构建一张增强带宽、低时延、数据不出园的基础连接网络。利用 5G+MEC 边缘计算技术，国能粤电台山发电厂内的业务终端流量在本地卸载，保障业务高带宽和低时延的同时，基于 MEC 平台能力和资源实现国能粤电台山发电厂各类型终端的接入管理、系统应用的部署，满足智慧电厂应用场景的落地实施。

应用成效： 利用 5G 网络全覆盖和数据本地卸载优势，开展各业务场景应用，成效显著：实现电厂现有运行维护、安全管理系统的 5G 接入，包括：设备运行维护管理平台、安装检修数字化管控平台、受限空间安全管理系统、两票防三误系统等系统的终端通过 5G 专网与电厂内网进行数据交互，提高响应速度、数据传输精度和可靠性，增强设备安全性和稳定性，提高系统故障响应速度；提升构建 5G+ 智慧电厂应用新模式，提高电厂智能巡检、运行维护、安全应急安全管理水平，从而提升电厂的生产效率和经济效益。

5.1.6.2　案例基本情况

国能粤电台山发电有限公司（简称国能台山电厂）成立于 2001 年 3 月 28 日，现为国家能源集团首批提级管理基层企业，管理权隶属于国家能源集团广东电力有限公司，由中国神华能源股份有限公司、广东电力发展股份有限公司分别持股 80%、20%。公司位于广东省江门台山市铜鼓湾，是装机容量世界第十、全国第四、广东第一的大型燃煤电厂。

国能台山电厂在运装机容量 513.86 万 kW，正在筹建的三期工程计划建设两台 100 万 kW 超超临界煤电机组，依托国家能源集团氢能（低碳）研究中心，同步在江门区域开展海上风电、抽水蓄能、光伏、电化学储能、氢能等能源项目开发，致力于打造千万千瓦级“风光水火储及耦合制氢应用”多能互补综合能源示范基地。

传统火力发电厂普遍存在以下生产管理痛点问题：

（1）检修现场管理难题。检修管理采用点检制，由于点检人员数量较少，现场检修作业场景较多，无法做到检修现场实时监控，检修现场存在人员违章、工作现场脏乱差等问题，受限于网络未全覆盖，视频监控无法灵活布置，且视频数据流量过大，同传效率低下，无法形成大规模、不安全状态的智能识别判断。

（2）重点区域监管难题。厂区内多个区域包括危险品库房、废油库房、电子间等，存在监控缺失、门禁缺失问题，主要原因是有线监控覆盖的造价高、施工难度大。

（3）生产现场数据收集难题。随着设备精细化管理不断深入，新增大量生产设备及传感器，数据需要收集但由于现场大部分区域缺乏通信网络，很多测量、计量的“次重要”仪表无法大规模部署，造成生产现场设备的测点无法根据需要灵活快速增加。

（4）设备远程状态诊断缺失受限于现场网络缺失，设备故障无法通过视频回传等方式进行远程诊断，故障消除效率不高。

因此有必要在以智慧火电体系为主要架构的基础上，引入并深度应用5G网络，提高生产现场安全应急、设备运维水平，建立燃煤发电生产过程全流程协同优化运行模式，以推动燃煤火电厂向感知灵敏化、通信连接泛在化、管理智慧化方向发展。

截至目前国能台山电厂厂区已建成6个室内外5G宏基站、5个5G室分，实现了火电厂区办公楼、生产楼、灰控楼、制浆楼、煤罐、煤船码头等办公生产区域的5G信号的高质量全覆盖。5G网络单用户最大下载速率2700Mbps，平均下行速率500Mbps，单用户最大上行速率310Mbps，平均上行速率160Mbps，网络双向时延小于15ms，支持10^7个终端/km^2的连接密度，数据处理能力超过10Gbps。

5.1.6.3　案例技术路线

1. 网络架构

根据国能台山电厂网络需求，规划为电厂独立建设包含无线、传输、核心网端到端的5G SA专网。

国能台山电厂5G专网仅为工业用户提供5G数据业务，普通用户通过5G基站共享方式接入联通大网网络，工业用户和普通用户互不干扰，国能台山电厂专网和联通大网也不需要对接，国能台山电厂专网仅需为工业用户提供5G数据业务，也避免了和现网互通，不会影响专网的独立性和安全性。

2. 网络安全

国能台山电厂5G专网提供从终端、物理层、传输层、应用层等的端到端安全机制，包括：

终端鉴权：支持5G网络鉴权+企业AAA服务器二次鉴权；

物理组网安全：APP和UPF之间采用防火墙安全隔离，UPF和本地网络间N6口采用防火墙安全隔离；

应用层安全：N3/N6基于IPSec分段传输加密；APP应用层自行E2E加密传输；

数据本地闭环：部署入驻UPF，业务数据不出园区，并对UPF数据统计核查，对N3口的流量和N6口流量监控统计，自证无外发流量。

3. 5G 网络覆盖要求

国能台山电厂 5G 网络建设需要新增室外宏基站基带单元设备及配套（含基带电源、同步及安装辅助材料）设备 6 套，室外宏基站 5GAAU 设备及配套（安装辅助材料）设备 17 套，室内基站基带单元设备及配套（含基带电源、同步及安装辅助材料）设备 10 套，室内一体化射频天馈系统设备 416 套，IPRAN 设备 10 套，基站交流配电箱设备 8 套，工业级 5GCPE 设备 80 套。本项目覆盖目标区域是火电厂厂区，目前覆盖目标区域内共建设 6 处宏基站和 8 套室分。包括生产楼 B 座、生产楼 C 座、灰控楼、制浆楼、T18 楼、码头新建基站，生产楼 A 座、库房、煤场圆罐等区域。

4. 5G 网络安全接入管理信息网

本项目主要内容是国能台山电厂两平台三网络架构体系中工业无线网建设，在项目建设中要依靠 5G+MEC 技术将 5G 网络接入管理信息网，采用设备为华为（MEC）移动边缘计算设备。运营商提供的 5G 网络服务包括用户面网元 UPF/MEC 私有化部署，无线基站、核心网控制面网元根据国能台山电厂需求灵活部署，为国能台山电厂提供部分物理独享的 5G 专用网络。满足国能台山电厂大带宽、低时延、数据不出园区的需求。国能台山电厂网内业务数据本地卸载，可通过功能定制优化，实现客户生产业务不受联通公众网络故障影响，保障生产安全。

5G 络安全接入管理大区网络，实现工业无线网络在公司厂区的全面覆盖，同时利用 5G 网络将公司内部的各类智能化设备如智能摄像头、智能机器人、巡检仪、个人穿戴设备等接入 5G 网络，实现各类生产人员、智能化设备的互联互通。通过交换机级联和防火墙接入管理信息网。安全组网方案总体如下图 5.25 所示。

5. 5G 网络的智能化应用

5G 网络具有低延时、大带宽、高可靠性的特点，国能台山发电厂 5G 网络全覆盖建成后，5G 接入网络基础已搭建完成，基于 5G+ 边缘云技术，工业无线网可接入管理信息网，实现 5G+MEC 的端到端应用，因此，国能台山电厂主要 5G 网络的应用部署在管理信息网。

5G 网络大带宽的特性是物联网建设的优势，国能台山电厂已将现有的设备运行维护管理平台、安装检修数字化管控平台、多场景安全管理系统、受限空间安全管理系统、两票防三误系统等智能化物联设备接入网络，并利用 5G 网络的便捷性部署一批智能摄像头、5G 个人可穿戴等，完成全厂的监控及应急视频的全面覆盖，同时利用 5G 网络实现所有智能设备的互联互通，构建工业物联网的格局（图 5.26）。

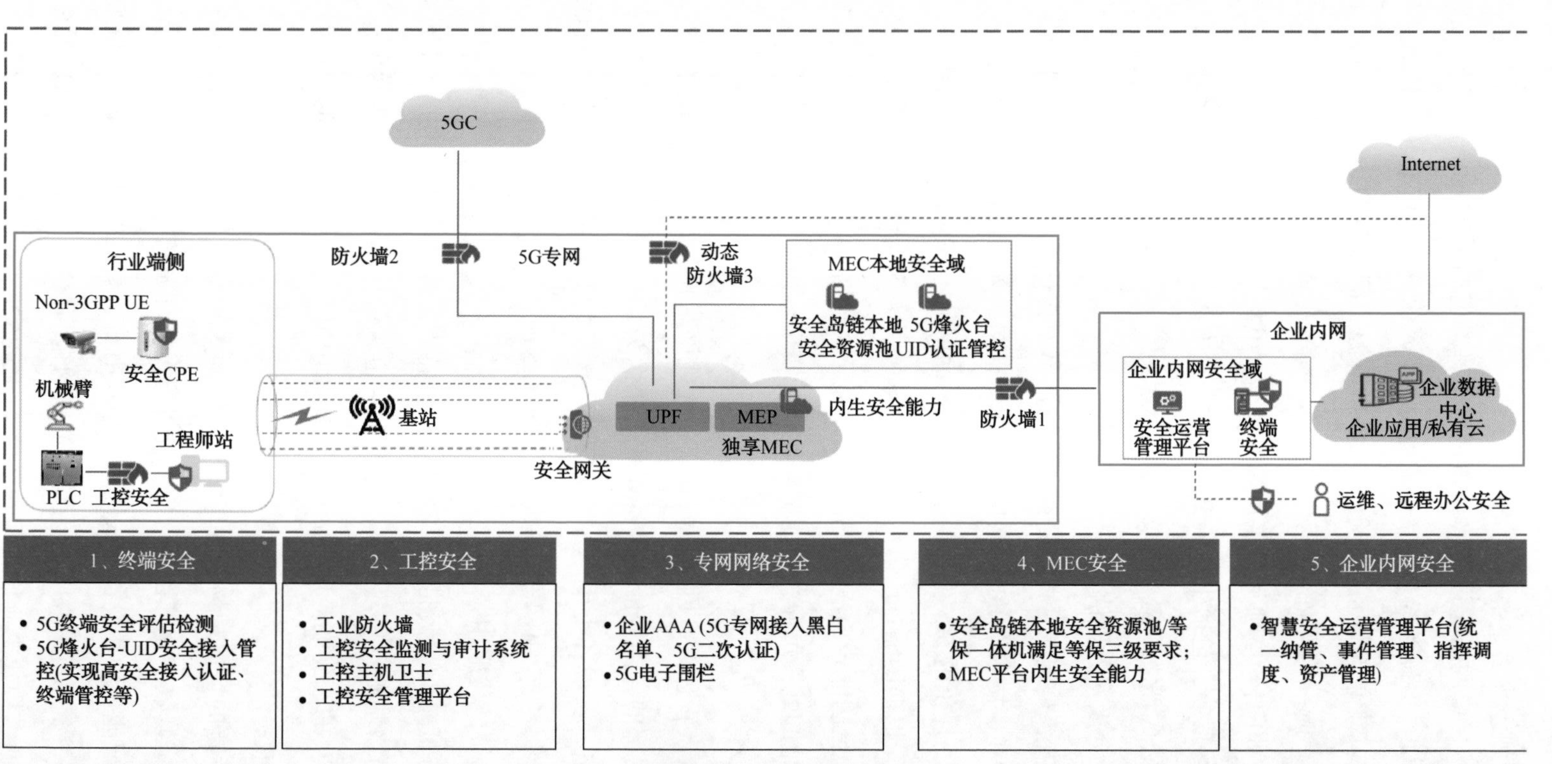
5GC
Internet
行业端侧
Non-3GPP UE
安全CPE
机械臂
工程师站
PLC
工控安全
防火墙2
5G专网
基站
安全网关
动态
防火墙3
MEC本地安全域
安全岛链本地
安全资源池
5G烽火台
UID认证管控
UPF
MEP
独享MEC
内生安全能力
防火墙1
企业内网
企业内网安全域
安全运营
管理平台
终端
安全
企业数据
中心
企业应用/私有云
运维、远程办公安全
1、终端安全
• 5G终端安全评估检测
• 5G烽火台-UID安全接入管控(实现高安全接入认证、终端管控等)
2、工控安全
• 工业防火墙
• 工控安全监测与审计系统
• 工控主机卫士
• 工控安全管理平台
3、专网网络安全
•企业AAA (5G专网接入黑白名单、5G二次认证)
•5G电子围栏
4、MEC安全
•安全岛链本地安全资源池/等保一体机满足等保三级要求；
•MEC平台内生安全能力
5、企业内网安全
•智慧安全运营管理平台(统一纳管、事件管理、指挥调度、资产管理)

◆ 图 5.25 安全组网方案

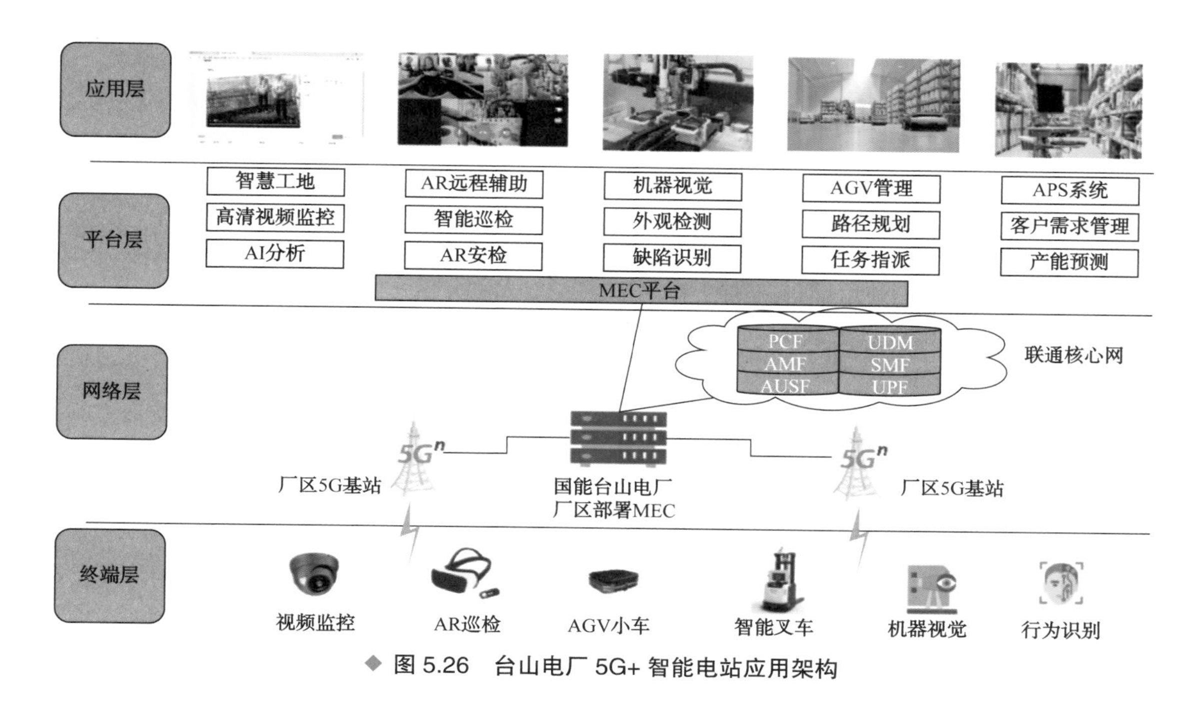

◆ 图 5.26 台山电厂 5G+ 智能电站应用架构

5.1.6.4 案例应用场景

场景 1：5G+ 智能巡点检

利用 5G 在生产现场构建无线网络，建立一套智能设备管控系统，即围绕设备生产、运行、维护、维修、技术管理相关部门人员进行的相关巡点检工作系统，以提高设备点检定修智能化水平。5G 智能巡点检设备如图 5.27 所示，智能巡点管控平台如图 5.28 所示。

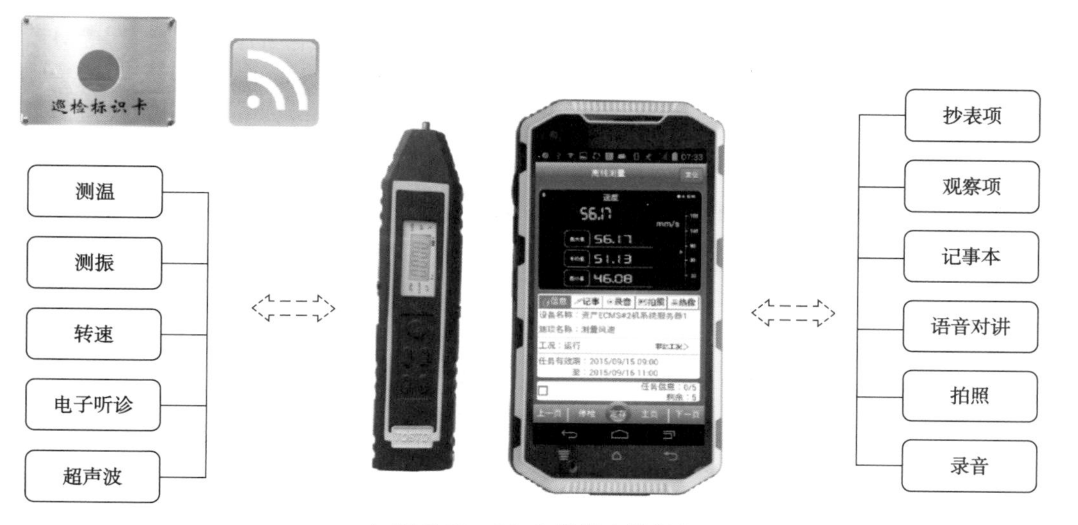

◆ 图 5.27 5G 智能巡点检设备

◆ 图 5.28 智能巡点管控平台

场景 2：5G+ 智能检修

搭建安装检修质量数字化管控系统，将检修文件包数字化，通过现场平板电脑、智能测量仪器将数据通过 5G 无线网络传送至智能安装检修管控平台，实现检修数字安全、质量、进度数字化管理，如图 5.29 所示。

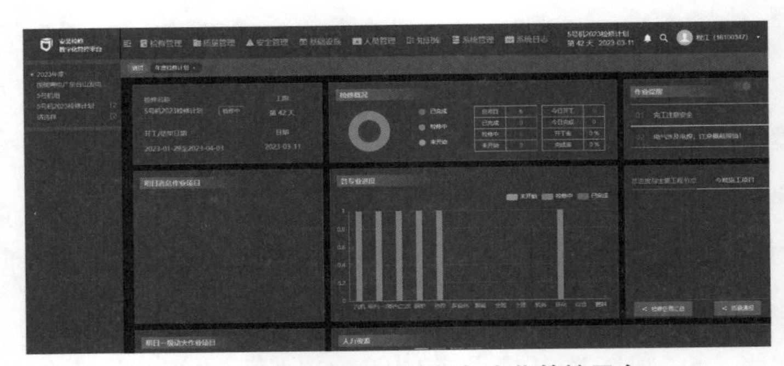

◆ 图 5.29 智能安装检修数字化管控平台

场景 3：5G+ 受限空间安全智能在线管控平台

利用 5G 网络大带宽实现受限空间安全智能管控，在受限空间作业现场利用 AI 布控球对作业环境、人员行为进行识别，并将画面同步送至管理系统，安全人员可以实时对受限空间作业进行监护和监督，如图 5.30 和图 5.31 所示。

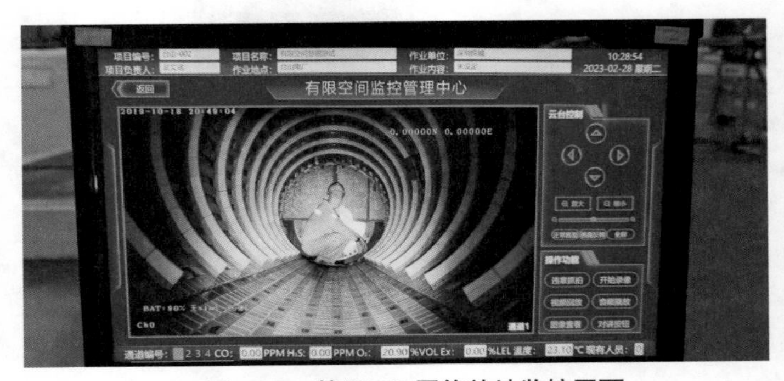

◆ 图 5.30 基于 5G 网络就地监控画面

◆ 图 5.31　有限空间安全管理系统平台

场景 4：5G+AI 输煤系统安全性智能识别平台

通过 5G 网络实现机器人与控制中心无线通信，实现电厂输煤栈桥皮带无人值守，实现皮带设备状态的智能检测识别功能，及时发现皮带异常点，包括皮带撕裂检测、托辐松动检测、皮带堵料检测、皮带跑偏检测和皮带火险检测等功能，智能巡检机器人系统主界面如图 5.32 所示。

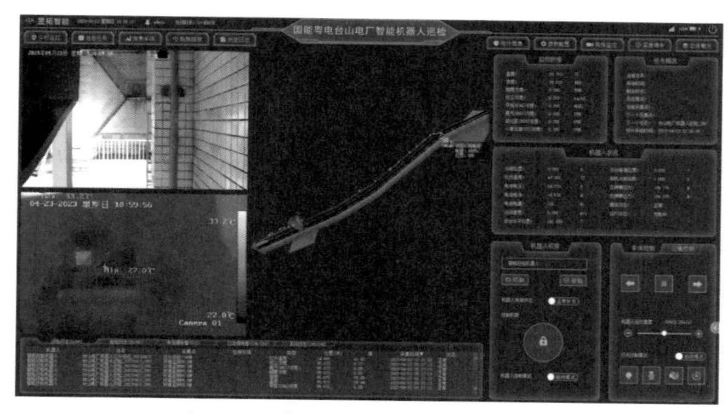

◆ 图 5.32　智能巡检机器人系统主界面

场景 5：5G+ 智能两票防三误系统

通过 5G 网络实现智能工器具柜（图 5.33）、开关柜防误动锁具等物联网设备远程联网管理及现场操作票操作确认等工作（图 5.34）。

◆ 图 5.33　智能工器具柜

◆ 图 5.34 两票防三误工作票界面

5.1.6.5 案例主要成效

1. 经济效益

（1）利用5G网络全覆盖的底层网络支撑能力，实现对重要设备检修终端巡点检监控，智能化巡检、智能化告警、可视化管理，避免人工巡检时出现的不及时、不到位、不准确等各种人为缺陷，降低人工巡检的劳动强度，避免巡检运维人员在恶劣环境下长时间工作，可减少60%以上的人工巡检次数；通过智能巡点检、故障诊断提前发现设备异常趋势，减少检修设备故障约2次/年，节约设备检修及维护更换费用约10万元/年。

（2）通过运营商搭建基于5G技术的高速工业无线网，为全厂提供无线网络，将巡检设备、视频监控、智能巡检、智能安全监控、智能分析与远程诊断等通过5G网络传输至数据平台，较传统的自建WiFi布点全厂覆盖方案可节约材料费和实施费200万元。

2. 环境和社会效益

厂区内5G网络可以为5G+生态提供良好的试验平台，积极向5G相关先进技术靠拢，联合业内伙伴，研究智慧应用、工业控制与5G技术的结合点，实现5G产业应用发展。

3. 成果奖励（省部级以上）

发表《基于火力发电厂的5G专网规划建设方案探讨》论文1篇。

5.1.6.6 案例典型经验和推广前景

5G网络在传统火力发电厂的深入应用，对火力发电企业智慧转型有着重要意义。通过探索构建全厂范围内的5G+生态、5G+应用场景，可以为行业提供示范案例，同时5G专网建设也为行业创新研发试验提供快速应用推广的平台。

5.1.7 案例 7 神华九江电厂：5G+ 透明电厂

5.1.7.1 案例概览

所在地市：江西省九江市

参与单位：国能神华九江发电有限责任公司、中国电信股份有限公司九江分公司

建设模式：自建模式

技术特点：神华九江公司通过在厂区内建设 5G SA 网络机房，将 UPF 下沉到神华九江公司厂区，构建安全可靠的工业无线专网，并打通与电厂内网的数据链路，实现授权终端在 5G 专网环境下与电厂内网的互通。

应用成效：本案例以 5G+MEC 为网络基础，并以人工智能、定位、大数据分析技术为核心，充分结合电厂的实际需求，实现 5G+MEC 定制网络、5G 机器人巡检训操和 5G 油色谱监测装置等应用建设，助力电厂实现安全生产管理的精细化、巡检作业的少人化、运营管理的可视化。

5.1.7.2 案例基本情况

国能神华九江发电有限责任公司（以下简称“神华九江公司”）成立于 2011 年 4 月 29 日，隶属国家能源集团江西电力有限公司，是中国神华能源股份有限公司全资子公司，是江西北部电网最重要的电源支撑企业。

神华九江公司规划建设 4×1000MW 等级超超临界燃煤发电机组，一期工程建设 2×1000MW 超超临界、超低排放燃煤发电机组和 150 万吨 / 年的煤炭储备（中转）项目，两台机组分别于 2018 年 6 月和 2018 年 7 月建成投产，主要环保经济技术指标达到国内一流水平。二期扩建工程 2×1000MW 等级燃煤发电机组于 2022 年 8 月获得江西省发改委核准。

神华九江公司作为传统的火力发电企业在推动能源企业向数字化、智能化、可视化转型升级过程中，坚持以构建智慧生产、智慧管理、智慧经营的能源体系为建设目标并提出以下需求。

1. 解决智能化应用与生产监控系统网络安全可靠的无线连接。

电力企业生产监控系统网络分为生产控制大区、生产非控制大区、管理信息大区三大分区专网，对网络有严格的安全管理要求。打通智慧化应用与生产监控系统网络安全可靠的无线连接，实现移动网与电力生产专网的安全隔离是智慧电厂建设的首要诉求。

2. 解决电厂全流程全场景的生产数据汇聚和分析。

电厂部分功能场景都建立了相应的软件管理，但过于分散难以统一管理，各个系统独立，存在信息孤岛。希望通过 5G、物联网等新技术打通数据孤岛，将所有关于人员、设

备、环境等采集到的数据进行跨平台、跨模块、跨功能的集成汇聚，并实现数据的展示、分析、控制、仿真和推演，形成功能聚焦和可视化的数字中控系统。

3. 电厂在安全生产管理方面需要更科学、更精细的管理手段。

电厂作为人员多、环境复杂的企业，企业的稳定性运营需要对人员、设备实现精准化、可视化管理，其中对人员、设备位置管理是首要条件。传统的视频监控和各种数据传感仪提供数据，并没有实时报警处置的能力。人员及设备管理缺少更加智能化的安全管理手段。

因此有必要在以智慧电厂建设为主要架构的基础上，引入并深度应用5G网络，提高生产现场安全管控、风险应急和设备管理水平。通过5G大带宽、低时延的特性助力火电厂实现提质增效、安全环保的目标。

截至2022年10月，神华九江公司完成部署5G宏基站6个，AAU设备13套，信源设备RRU5台和室内分布式天线175副。成功实现了生产区、办公楼、码头等全厂区5G网络覆盖，标志着神华九江公司向数字化转型迈出重要一步。

5.1.7.3 案例技术路线

1. 5G智慧电厂框架

本案例以神华九江公司智慧电厂建设“3+3+3”架构（三底座三平台三网络）为依托，通过5G+MEC+切片的技术实现5G网络与电力生产专网的深度融合，为后续建设智慧电厂提供了安全可靠的工业无线网络（图5.35）。

2. 网络安全

本次的覆盖方案通过MEC设备将核心网UPF下沉到神华九江公司厂区，构建5G的无线企业专网，并打通MEC设备与神华九江公司生产区内网的数据链路，实现授权终端在专网环境下与电厂内网的互通。同时在MEC部署运算能力，在接近数据源的边缘侧计算，有效减少数据传输带宽、降低时延；同时基于网络切片技术和与互联网物理隔离（无链路联通），实现电力业务的安全隔离。

3. 5G网络覆盖要求

神华九江公司5G网络建设需要新增室外宏基站基带单元设备及配套（含基带电源、同步及安装辅助材料）设备6套，室外宏基站5G AAU设备及配套（安装辅助材料）设备13套，5G BBU设备及配套（安装辅助材料）设备2套，信源设备RRU（含电源及安装辅助材料）5套，室内分布式天线175副。本项目覆盖目标区域是厂区及码头区域，目前覆盖目标区域内共需要建设6处宏基站，其中煤仓间、1号转运站、办公楼、3号转运站、升压站和码头区域需新建基站各1个，具体安装位置需要根据现场情况确定。

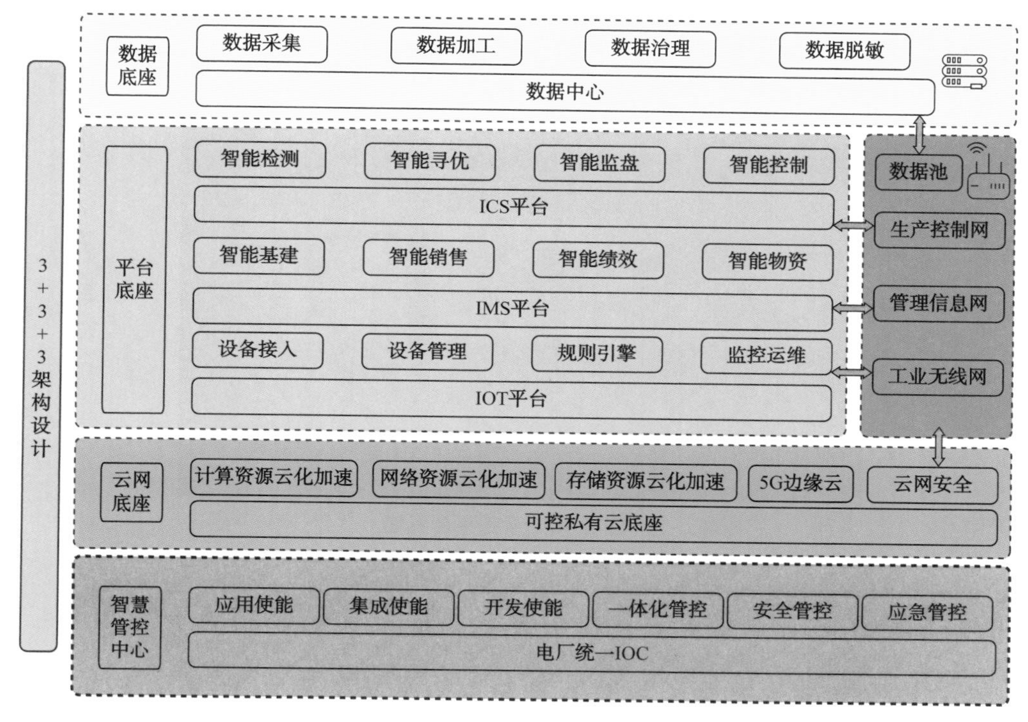

◆ 图 5.35 5G+ 智慧电厂框架图

4. 5G 网络安全接入管理信息网

本项目主要的内容是神华九江公司三平台三网络三底座架构体系中工业无线网建设，在项目建设中要依靠切片技术将 5G 网络接入管理信息网，采用设备为华为（MEC）移动边缘计算设备。

5G 网络安全接入管理大区网络，实现工业无线网络在公司厂区的全面覆盖，同时利用 5G 网络将公司内部的各类智能化设备如智能摄像头、智能巡检 / 巡操机器人和油色谱在线监测装置等接入 5G 网络，实现各类生产人员、智能化设备的互联互通。通过万兆业务交换机及管理交换机接入管理信息网，利用 MEC 设备对接入的终端 MAC 地址进行认证，提高网络安全性。

5.1.7.4 案例应用场景

场景 1：5G+ 电站设备状态与环境信息智能巡检监测系统

设置 1 台 5G+ 智能巡检机器人，布置在主厂房 17m 层区域。利用智能巡检机器人系统，综合运用图像识别、无线通信、激光自主导航算法、视觉识别等多种技术，通过搭建数字化、可视化、智能化的操作及远程诊断交互平台，将 AI 技术运用于电力生产过程，实现了智能巡检在主厂房区的应用，以高科技推进智慧电厂建设。机器人平台采用无轨导航方式，具有按照预先设定任务或路线自动行走和停止的功能。具备动态工作任务及路径规划功能，具备便于使用的导航地图更新功能。系统平台界面如图 5.36 所示。

◆ 图 5.36　系统平台界面

机器人巡检场景如图 5.37 所示。

◆ 图 5.37　机器人巡检场景

场景 2：5G+ 变压器色谱在线监测系统

变压器色谱在线监测系统可定量、自动、快速地在线监测变压器的油中溶解故障气体（H_2、CO、CH_4、C_2H_4、C_2H_2、C_2H_6、CO_2 等七种气体组分及总烃、总可燃气体以及 H_2O）的含量及其增长率，并通过 5G 无线专网上传至服务器故障诊断专家系统实现早期预报设备故障隐患信息，避免设备事故，减少重大损失，提高设备运行的可靠性。5G+ 变压器色谱在线监测系统平台如图 5.38 所示。

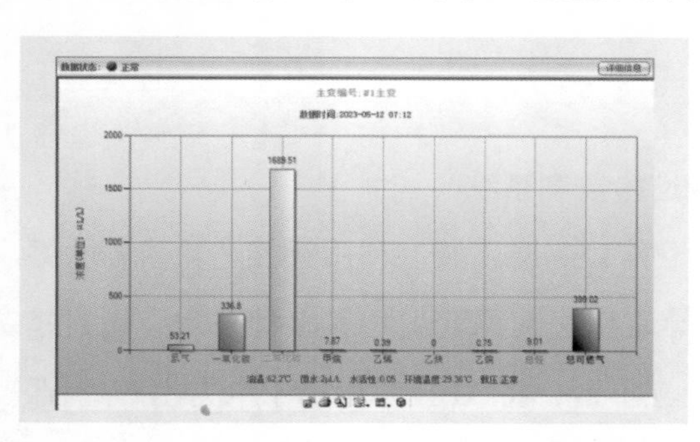

◆ 图 5.38　5G+ 变压器色谱在线监测系统平台

场景 3：5G+ 配电室智能巡操机器人

基于公用 10kV 配电室内单一负荷开关的状态转换，包括开关冷备、热备、检修各状态的相互转换，通过平台远程下发指令，机器人即可就地完成电气设备各状态的倒闸切换（包括手车开关的摇进摇出、接地刀闸分合）、开关位置及接地刀闸位置的判断、继保装置操作、紧急分闸、压板投退等操作任务，能够实现机器取代人，又能保证人员安全，具体功能包括全天候自主导航巡检、中压开关操作、继保装置操作、红外测温、就地仪表读数、缺陷图像识别、异音监测、音视频远传、趋势分析报警、巡检报告统计、巡检报表自动生成、机器人自主充电、机器视觉技术应用以及打造"互联网 +"智慧软件平台。5G+ 配电室智能巡操机器人如图 5.39 所示。

◆ 图 5.39 5G+ 配电室智能巡操机器人

5.1.7.5 案例主要成效

1. 经济效益

（1）案例以电厂的实际需求为牵引，有效地建立起神华九江公司全业务 5G 连接，实现了公司工业无线网络的安全隔离，为各项应用场景提供网络保证，在实现电厂生产管理的精细化的同时，实现了多场景的少人化，提高巡检效率。利用 5G 巡检机器人、巡操机器人、油色谱监测装置等设备对电厂设备的状态和环境实时监测分析，及时发现被检设备的故障隐患，预防性维修率提升到 90%，减少设备故障约 6.3 次 / 年，节约设备检修及维护更换费用约 37 万元 / 年。同时减少巡检人员 4 人，节支人力成本 80 万元。

（2）搭建基于 5G 技术的高速工业无线网，将巡检设备、视频监控、智能巡检、智能安全监控、智能分析与远程诊断设备等通过 5G 网络传输至后台，在智慧企业建设中可节约材料费约 20 万元，人员施工费 90 万元。

2. 环境和社会效益

案例充分利用 5G 大带宽、低时延、广连接的特性，通过 5G MEC 实践推进电力行业 5G 全连接电厂建设，综合运用定位技术、云计算、大数据、人工智能等技术的融合，立足于电厂的安全和管理的切实需求形成解决方案，大大提升生产管理水平和生产效率，有助于适应发展新常态，应对市场新变化，提升企业核心竞争力和市场竞争力，打破了传统电厂的生产、管理模式，为行业内智慧电厂的建设输出可复制的解决方案和实践经验。

3. 成果奖励

（1）"国能神华 5G 透明电厂"获 2022 年工信部第五届"绽放杯"5G 应用征集大赛智

慧工业专题赛三等奖；

（2）“国能神华5G智慧电厂的创新应用和实践”获2022年工信部第五届“绽放杯”5G应用征集大赛江西区域赛5G+智慧能源行业赛优秀奖。

5.1.7.6 案例典型经验和推广前景

本案例应用场景所用到的技术都是贴合电厂的实际需求进行定制开发、测试、验证后形成的实用性解决方案。神华九江公司与中国电信九江分公司成立5G+联合创新实验室，采用产学研用的工作机制，充分整合与研究院、科技公司及国内高校的资源能力，助力电厂在“双碳”目标下的高质量数字化转型，向电力行业输出5G+全连接电厂建设的实践经验。

5.1.8 案例8 浙江北仑电厂：全场景、高灵活5G+智慧示范企业

5.1.8.1 案例概览

所在地市：浙江省宁波市

参与单位：国能浙江北仑第一发电有限公司、中国移动宁波分公司、国能信控互联技术有限公司

建设模式：自建模式

技术特点：通过全厂无死角的5G网络覆盖，实现了大带宽、广连接、低时延、高安全的5G网络接入，成就了全场景、高灵活的5G应用示范。借助5G网络硬切片方案，安全划分生产控制网与管理信息网，并通过风筝方案，保证了护网行动或者与外网断开时的网络安全性。

应用成效：利用5G网络全覆盖、高灵活的能力，开展各业务场景应用，成效显著：实现了5G移动摄像头和终端对高风险作业现场的监控，提高高风险作业的安全管理能力；将巡点检设备、视频监控、智能安全监控、智能穿戴等设备的数据通过5G网络传输至平台，构建全场景、高灵活5G+智慧示范企业新模式。

5.1.8.2 案例基本情况

北仑电厂位于浙江省宁波市北仑区，地处杭州湾口外金塘水道之南岸，电厂始建于1989年，由三个独立法人组成，分别为国能浙江北仑第一发电有限公司（简称国能北仑一发）、国能浙江北仑第三发电有限公司（简称国能北仑三发）和浙江浙能发电有限公司（简称浙能北仑），是我国第一个通过世界银行贷款建设的大型火力发电企业。电厂现装有两台单机容量为630MW亚临界（国能北仑一发）、三台单机容量为660MW亚临界（浙能北仑）、两台单机容量为1050MW超超临界（国能北仑三发）燃煤火力机组和47.3MW地面光伏，装机总容量为5387.3MW，目前正在建设两台单机容量1000MW的超超临界燃煤火力机组。

传统火力发电厂普遍存在以下生产管理痛点问题：

（1）作业现场管理难题。全厂 7 台机组，高风险作业、检修作业较多，无法做到检修现场实时监督，检修现场存在人员违章、工作现场脏乱差等问题，受限于固定摄像头存在死角，无法灵活布置，且视频数据流量过大，同传效率低下，无法形成大规模、不安全状态的智能识别判断。

（2）现场设备自动化水平较差。较多的设备需手动操作，无法实现远程操作，由于电缆敷设较早，有线改造难度大且不经济，故可通过设备自动化无线升级改造，提升系统运行的安全可靠性。

（3）工作环境恶劣。电厂工作环境复杂、工作强度大，噪声粉尘无时无刻不在侵扰着一线员工的身体健康，应提升设备自动化水平，减少工作人员现场作业时间，避免受到粉尘、气体等健康威胁。

5G 专网具有大带宽、广连接、低时延、高安全性等诸多优势。同时，5G 专网具备适用部署区域化、网络需求个性化、行业应用场景化等特点。5G 专网可与厂内现有 IT 网络实现兼容互通，网络能力、网络技术也将不断演进升级。因此有必要在智慧火电体系为主要架构的基础上，引入并深度运用 5G 网络，提高生产现场安全应急、设备控制和运维水平。将 5G 硬切片方案应用在燃煤电厂智能发电领域与智慧管理领域的安全、生产、管理、经营上，以提升火电厂内人身安全、生产控制和高质量管理经营水平。

5.1.8.3 案例技术路线

1. 网络架构

5G 网络架构是由接入网、承载网、核心网组成，下沉 UPF、二次认证系统。

按照打造 5G 智慧电厂的转型发展思路，进行整体网络方案设计。基于 5G 网络超大带宽、超大连接和超低时延的特点，以及无线蜂窝网络的连续覆盖，紧密结合北仑电厂生产业务实际情况和需求打造 5G 专网。通过 5G APN/DNN 隔离技术，实现北仑电厂业务在 5G 网络的专用隔离；通过 MEC 技术，实现 UPF 下沉并提供 MEP 转发功能，使业务数据本地处理转发，进一步降低数据转发时延，同时实现业务数据不出园的愿景，在此基础上打造火电生产场景的 5G 应用。

2. 网络安全

（1）硬切片方案

本次厂区的覆盖方案采用硬切片技术部署 5G 专网，实现端到端的数据隔离。无线侧采用 RB 资源预留方案实现不同的用户之间使用的频率相互隔离，承载网使用 FlexE 的

SPN 设备实现每个切片的时隙相互隔离，5G 核心网支持切片 ID 签约管理与更新、网元选择与接入等流程，实现不同切片使用不同的核心网设备（UPF）。

将两台边缘计算（MEC）设备部署在园区内，专网用户使用对应下沉的 MEC 进行分区数据的服务器点到点连接，保证数据不出厂区，厂区用户面数据不会和任何外网进行连接。

（2）风筝方案

本项目包含的风筝方案可保证在 5GC 断链时，下沉的应急模块可保证现有用户的接入和使用。风筝方案是在入驻园区的边缘 UPF 的基础上，集成应急 5GC 功能，将核心网控制面部分功能和用户签约管理功能下移至园区 MEC 的网络边缘。在园区和大网失联场景下，提供园区业务容灾能力，确保园区业务不受影响或快速恢复，减小对企业影响。

风筝方案中，5G 核心网用户面一直是在园区。网络正常时，使用大网 5G 核心网控制面；大网失联时，容灾使用园区应急 5G 核心网控制面。即控制面为上主下备模式（大网为主，园区为备）。

（3）5G 二次认证系统

提供一套二次认证系统，采用用户名、密码、手机号码、IMEI、IMSI 等组合绑定的方式，对接入园区切片的终端进行二次认证，用户可自主实现机卡绑定。主认证通过后，用户通过二次认证系统进行二次身份认证，即终端需要完成与二次认证系统之间的二次认证，否则无法接入企业内网。终端接入企业专网的安全控制如下：

①限制特定终端接入切片：每个 SIM 都具有独立的 IMSI 号，在 5G 核心网配置与园区切片关联的 SIM 卡，仅允许 SIM 卡清单内的终端才可以接入到切片。

②限制允许终端接入切片：为本项目建设的宏站基站设置独立的 TAI，在 5G 核心网配置 TAI list 与园区切片对应关系，限制仅能从园区基站才能接入切片。

3. 5G 网络覆盖要求

本次 5G 网络建设新建 10 个 5G 宏站和 4 个室分基站实现全厂 1.7km^2 的 5G 信号全覆盖。5G 宏站峰值下行速率 1Gbps，峰值上行速率 210Mbps，室分峰值下行速率 600Mbps，峰值上行速率 120Mbps，5G 专网配备≥ 100M 带宽，总传输速率≥ 10Gbps。

4. 5G 网络安全接入管理信息网和生产控制网

本项目严格遵循电力行业数据分区的要求，依靠硬切片技术和两台下沉 MEC 实现每个网络切片从无线接入网到承载网再到核心网在逻辑上隔离，适配各种类型的业务应用。本次项目主要将 5G 网络切为生产控制无线网和管理信息无线网。

（1）接入生产控制网

主要采用华为的 MEC 设备将辅助设备接入 5G 网络，并在现场进行网络安全测试，主要包括护网测试、传输速率测试、网络隔离测试、延时性测试等，并收集相关测试信息，最终实现生产现场的各类测量设备、控制设备、执行机构等设备可以快速便捷地接入工业控制系统，并编制 5G 网络安全接入工业控制系统的规范。

目前，完成差动保护 5447 线的接入，该方式具有接入速度快、延时低、传输带宽大的优点，减少了现场光缆施工，可实现在园区内对终端状态的实时监控。

（2）接入管理信息网

5G 络安全接入管理大区网络，实现工业无线网络在公司厂区的全面覆盖，同时利用 5G 网络将公司内部的各类智能化设备如智能摄像头、智能机器人、智能地排线、5G 门禁、巡检仪、个人穿戴设备等接入 5G 网络，实现各类生产人员、智能化设备的互联互通。接入方式通过交换机级联接入管理信息网，利用二次认证系统进行认证，提高网络安全性。

5. 5G 网络的智能化应用

5G 网络具有低延时、大带宽、高可靠性的特点，北仑公司 5G 网络全覆盖建成后，两平台三网络的网络基础已搭建完成，得益于 5G 网络硬切片技术，工业无线网可同时在生产控制网和管理信息网中同时利用，因此，北仑公司将在以下几个方面进行 5G 网络的应用。5G 电厂应用场景如图 5.40 所示。

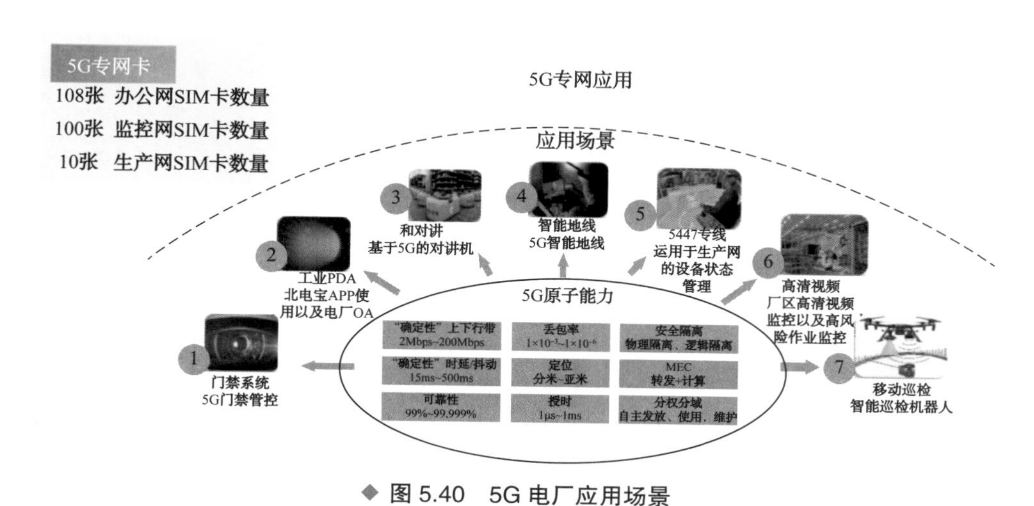

◆ 图 5.40 5G 电厂应用场景

5.1.8.4 案例应用场景

场景 1：火电 5G+ 融合通信

北仑电厂基于 5G 专网的厂区融合通信系统，是火电厂领域首次在虚拟专用网络环境下实现生产调度、作业过程监控、巡检全流程监视、联动报警、隐患拍传、集群对讲或会议的创新技术应用。该项技术实现了厂内 PDA 巡点检设备、智能机器人、单兵智能终端、对讲设备、语音广播设备和其他终端设备的内网环境自由视频通信通话，且设备完全依赖厂区内 5G 专网，实现所有通信“数据不出厂”。系统基于 VoIP 架构设计，采用软交换技术，基于新的网络分层模型（接入与传送层、媒体层、控制层与网络服务层四层），从而对各种功能做不同程度的集成，把它们分离开来，通过 SIP、RTP、RTCP、RTSP 等协议，非常灵活地将业务传送协议和控制协议结合起来，实现业务融合和业务转移，非常适用于不同网络并存互通的需要，实现了通信调度功能从单纯的话音调度向多媒体多业务融合调度的升级演进。基于 5G 的厂区融合通信系统将 5G 网络大带宽能力、专网专用能力与软交换技术进行深度融合，打造了具备超高实用价值的应用场景。同时在安全层面，系统也具备完善的机制，首先，通过将用户与 5G 专网智能终端硬件标识 IMEI、5G 专网 SIM 卡标识绑定来确保用户的合法性。其次，系统中不存储用户密码明文，只存储密码散列值，在用户登录的通信过程中也仅传输密码散列值，从根本上杜绝密码的泄漏。

5G 融合通信系统架构如图 5.41 所示。

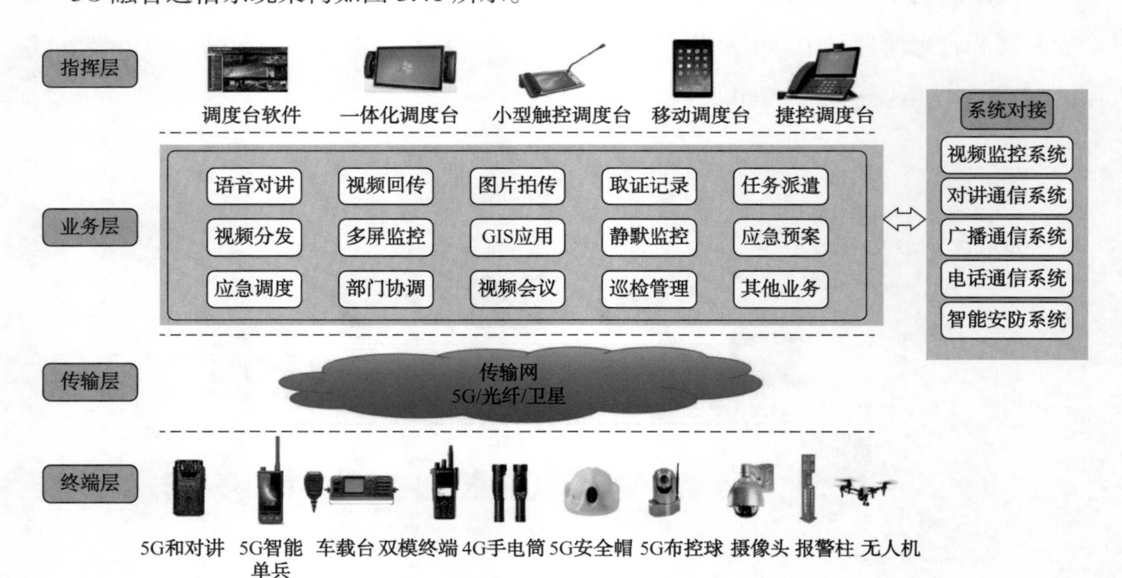

◆ 图 5.41　5G 融合通信系统架构图

场景 2：打造 5G+ 安全风控管理平台

基于厂区生产现场全覆盖的 5G 网络，自主设计研发的国产 14nm 算法芯片通过厂区内自建的 5G+ 通信系统进行数据交互，实现了火电厂全厂范围内的基于 5G 网络的安防设备部署。利用 5G 及边缘计算、AI 处理、机器视觉等技术，将 5G 移动智能摄像头等各类智能化安防设备接入 5G 网络，实现无线视频专网组网、移动视频组网、视频分析告警无线传输等功能，打造移动视频厂区全覆盖。利用 AI 识别算法，在厂区基础安防门禁、人员定位的基础上，进行高匹配人脸识别、轨迹跟踪、人的不安全状态识别等，如安全帽佩戴识别、未系安全带、跑冒滴漏、情绪识别等。并在厂区智慧管理平台进行部署及数据推送，实现人员统计、风险管控等智慧管理功能。

高风险作业时由于受限光缆、施工与角度问题，出现施工难、存在视频死角情况。在已有厂区固定边缘计算摄像头的基础上，可在高风险作业区域部署可移动 5G 智能摄像头，配置 AI 高级算法模块，以及配合 5G 智能穿戴设备，针对电力生产区域中高风险作业隐患及高温蒸汽、烟尘气体、灰粉、煤粉、明火等多种不安全物质形态，对人员违章操作、不安全行为、不安全状态等进行识别，方便安全管理人员进行管理。在应急抢修等作业中，配合 5G 智能穿戴设备，在安全管控中心可以远程实时视频查看抢修的进度工况及第一视角事故情况，进行远程指导。5G 智能安全管控平台如图 5.42 所示。

◆ 图 5.42　5G 智能安全管控平台

5.1.8.5　案例主要成效

厂区内 5G 网络可将生产现场仪表、传感器、阀门、马达等现场设备信号传输至生产控制大区，未来可进行闭环控制，形成一个宏观上的厂区级“智能节点”。基于此前景，积极与 5G 相关技术靠拢，联合业内伙伴，研究 DCS 与 5G 技术的结合点，实现融合 5G 网络的工业过程智能控制系统，必将成为驱动“工业互联网”蓬勃发展的关键使能技术，为促进传统工业生产过程向“泛在感知、深度分析、智能控制”的现代智能化工业生产过程转变构筑坚实平台基础。

作为集团公司火力发电智慧企业建设示范单位，北仑电厂 5G 专网建设契合了国家能源集团“十四五”规划战略关于电力行业智慧化方向，以信息技术的发展融合为驱动力，加快数字化开发、网络化协同、智能化应用，建设智慧企业，重构核心竞争力，实现数据驱动管理、人机交互协同，全要素生产率持续提升。

5.1.9 案例9 神皖安庆电厂：复杂环境下5G全覆盖+智慧化应用

5.1.9.1 案例概览

所在地市：安徽省安庆市

参与单位：国能神皖安庆发电有限公司、中国移动通信集团安徽有限公司安庆分公司

建设模式：自建模式

技术特点：建设全厂覆盖的5G网络，实现广连接、大带宽高速率、低时延高可靠的5G网络接入，实现了全应用场景的5G应用示范。利用5G网络切片技术划分火电生产专用网络，业内首次实现了5G工业控制的安全接入，并开展了多项5G+工业物联网应用。

应用成效：①改造后，实现了安徽公司安庆电厂5G网络全覆盖并且厂区各位置5G网络通信质量能够达到国家5G通信标准要求，信号强度SS-RSRP=-66dBm（≥-95dBm）、信号质量SS-SINR=23dB（≥10dB）、专网内单个接入点速率上行=150.3Mbps（≥100Mbps）、专网内单个接入点速率下行=1352Mbps（≥700Mbps）、端对端时延约15ms（<20ms）；②改造后，利用5G原生定位技术在火电厂复杂环境下实现了亚米级（误差约等于0.2m）精准定位（小于0.3m的要求）；③改造后，通过接入认证、访问控制，采用5G网络的AES（高级加密标准，Advanced Encryption Standard）、SNOW 3G（3GPP流密码算法）、ZUC（祖冲之密码算法）等算法（这些算法采用128位密钥长度，被业界证明是安全的）保护数据在网络间传输，采用5G新增的安全边缘保护代理功能保障数据安全，确保了5G行业应用中数据安全。

5.1.9.2 案例基本情况

国能神皖安庆电厂作为典型的火力发电厂具有“厂区规模大、厂区内设备密集、生产作业空间复杂、人员组成复杂及流动性高”的特点，并且由于发电企业安全隐患多、安全控制点多、安全事故后果严重的特性，因此对生产安全管控有极高的要求，导致安庆电厂针对安全管控的投入一直居高不下。特别是针对外来人员进生产现场施工的区域管理问题、自有人员现场巡检安全管理问题都无法高效地解决，导致安全管控的工作出现了投入高、见效低的瓶颈。

5.1.9.3 案例技术路线

实施技术路线如图5.43所示。

研究方法：

（1）采用5G无线基站+切片分组承载网（SPN）+核心网UPF下沉园区结构，UPF

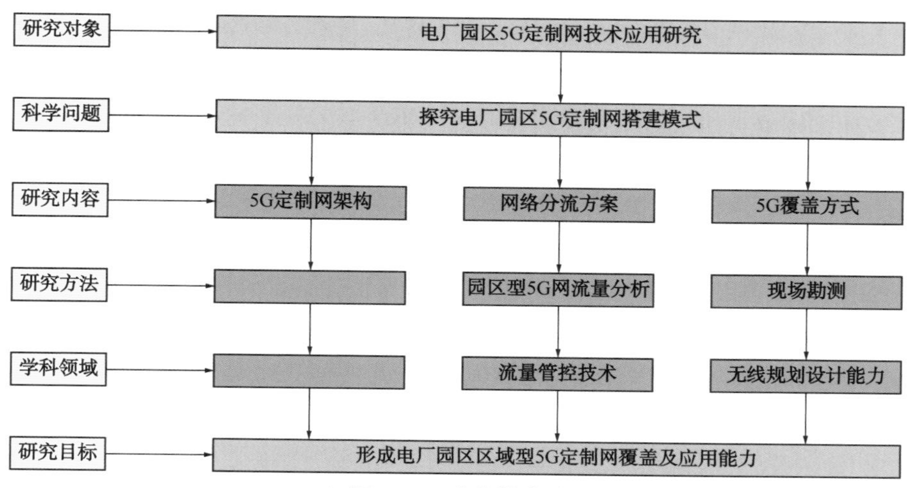

◆ 图 5.43 实施技术路线

下沉园区保证数据不出园区。边缘 UPF 采用虚拟形态，省中心的运维管理域具备 UPF 网元的生命周期管理能力及 FCAPS 运维管理能力，MANO 和 OMC 均在运维管理域。

（2）为保障电厂核心业务数据不出园的需求，主要生产区域及办公大楼等终端设备通过 5G 基站接入安庆电厂的 5G 专网，运营商新建边缘 MEC 设备部署于核心机房。

园区内物联网终端通过 5G 模组或者 CPE 接入 5G 基站，用户业务数据经基站接入电力边缘 MEC，数据经过 UPF 转发到达电厂业务平台，数据不出园区，端到端网络时延可低于 10ms，实现便捷、安全、可靠、稳定、智慧化的电力专用网络的建设。

（3）5G+UWB 高精度定位系统，采用无线脉冲专利技术，从电厂发展核心三要素中的“安全”与“效率”两方面出发，即“智慧 = 安全 + 高效”，通过合理的方案设计，大幅优化发电厂生产现场人员组成复杂、工况环境监管存在真空、危险区域安防保障难落实、人员及设备工作运行情况不易监控等管理现状，助力电力企业智能化转型升级。

智慧电厂高精度定位系统，引入了时空大数据分析理念，通过在厂区内布设合理数量的微基站，实时精确地定位员工、车辆、设备、工具上的微标签位置，零延时地将人、车、物的位置信息显示在电厂控制中心软件系统平台上，模拟形成直观的动态场景，基于大数据算法，大幅优化电厂的管理水平。另外，针对电厂高危作业场景，实现了安全预警、紧急救援、事后取证等功能，实现对电厂区域作业管理、高风险作业监控、到岗到位管理、巡检过程管理、工器具管理及车辆实时轨迹监控等环节的智能精确管控。

5.1.9.4 案例应用场景

场景 1：5G+UWB 融合高精度定位

本项目建设的 5G+UWB 融合高精度系统具有定位精准、功耗低、安全性高的特点，同时引入了时空大数据分析理念，通过在厂区内布设合理数量的微基站，实时精确地定位员工、车辆、设备、工具上的微标签位置，零延时地将人、车、物的位置信息显示在电厂控制中心软件系统平台上，模拟形成直观的三维动态场景，只需一个安全管理人员就可以监控被定位人员的实时位置信息，实时位置达到亚米级精度。同时通过在厂区内部署的微基站对厂区进行区域划分管理实现电子围栏，非授权人员进入受限制区域管理平台就会报警并推送消息给安全管理员。

大幅优化了发电厂生产现场人员组成复杂、工况环境监管存在真空、危险区域安防保障难落实、人员及设备工作运行情况不易监控等管理现状，助力安庆电厂智能化转型升级。

5G+UWB 融合高精度定位现场设备如图 5.44 所示。

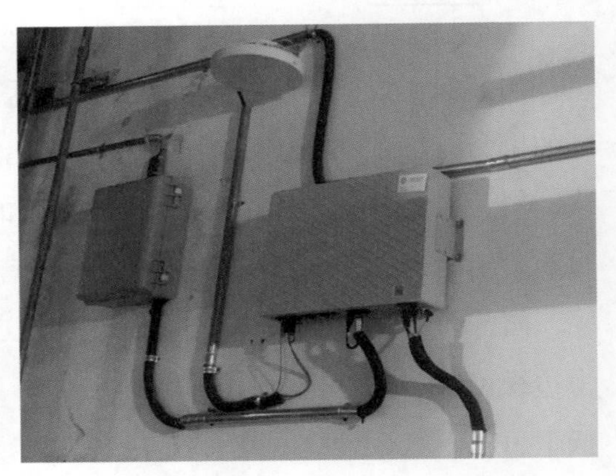

◆ 图 5.44 5G+UWB 融合高精度定位现场设备

场景 2：5G+ 码头无人值守

安庆电厂综合码头位于安庆经开区，是安庆电厂二期扩建工程的配套项目。码头有 2 个 5000 吨级江海轮泊位，码头后方即为国能神皖安庆电厂主厂区，2022 年港口吞吐量达 569 万吨。早期煤炭的卸船主要靠工人操作抓斗卸船机，将煤炭“抓取”放至卸船机料斗内，再经全封闭输煤栈桥进入安庆电厂储煤仓，抓斗卸船机对司机的操作技巧要求很高，操作不当会导致煤炭卸船效率不一，甚至会产生煤炭扬尘，造成燃料损失和安全隐患。

本项目建设的抓斗卸船机智能化无人驾驶系统通过安装在卸船机大梁上的物料探测雷达，利用 5G 专网将大量数据上传到无人驾驶服务器，通过内置的无人驾驶智能算法对船舱和煤堆的轮廓信息进行三维成像、建模，经过分析计算形成最优化卸船作业方案。然后通过 5G 网络超低时延的特性远程同步控制抓斗卸船机，根据当前煤堆形状特征，自动选取抓料点，自动控制抓料、闭斗、提升，完成卸船任务。所有操作将不再依赖工人上机操作，只需通过控制室对无人驾驶系统下达作业任务，系统的智能算法则会实现全自动卸煤作业。该系统具有运行稳定、路径最短等特点，实现了安庆电厂综合码头装卸煤炭全程智能化、无人化，极大地提升了码头装卸效率和安全环保水平。

场景3：5G+受限空间智慧管理

受限空间的监管是电力行业普遍存在的难点：内部空间结构复杂、环境恶劣，存在各种危险源，如有毒气体、含氧量不足、触电等；外部监管人员与内部工作人员缺乏实时互动，大多依靠不定时喊话等传统方式了解受限空间内作业情况和人员的健康状况，导致危险发生时无法及时告警并开展应急性救援，以上情况都给受限空间内的检修工作带来极大的风险和隐患。公司通过移动5G专网、物联网技术、人脸识别、UWB定位、RFID射频识别、3Dmax、Unity3D生命体征监测等技术手段研究设计一套受限空间管理系统。利用现代化、科技化的手段对受限空间作业前期准备、作业中监控、作业后分析进行规范化管理，实时掌握作业人员和设备的基本状况，一旦发生人员心跳血氧异常、违规进入、习惯性违章、空间内发生火灾、有毒有害气体超标、氧气不足等情况能第一时间发出报警，提醒安全管理人员采取应急预案，避免事故的发生。

受限空间作业智慧管理系统的投入运行，标志着公司在"两化融合""5G+工业互联网"的数字化发展道路上又迈出坚实的一步，为安全生产提供了有力保障。

5.1.9.5 案例主要成效

1. 经济效益

（1）通过在厂区内布设合理数量的UWB微基站，实时精确地定位人员、设备等上面的微标签位置，零延时地将人、车、物的位置信息显示在电厂控制中心软件系统平台上，模拟形成直观的二维动态场景，提高作业安全管理水平，节支安全管理人力成本12万元/年，同时由于UWB定位基站的信号传输可以全程复用室分基站的传输线路，且传输线路完全由运营商负责维护，在网络安全性提升的同时，节约了网线、光缆、交换机等网络布线成本53万元、节约维护成本11万/年。

（2）安装在卸船机大梁上的物料探测雷达通过5G专网将大量数据上传到无人驾驶服务器，通过内置的无人驾驶智能算法对船舱和煤堆的轮廓信息进行三维成像、建模，经过分析计算形成最优化卸船作业方案。然后通过5G网络远程控制抓斗卸船机根据当前煤堆形状特征，自动选取抓料点，自动控制抓料、闭斗、提升，完成卸船任务，该系统具有路径最短等特点，实现了安庆电厂综合码头装卸煤炭全程智能化、无人化，在智慧企业建设中可节约人工成本25万元/年，卸船作业效率提升，平均节约时长20min/单次、节约能耗0.2万元/次。

（3）搭建基于 5G 技术的高速工业无线专网，在智慧企业建设中可节约综合布线材料费约 22 万元，人员施工费成本约 105 万元。

2. 项目取得的成果及创新性

（1）利用 5G 作为基础网络架构的落脚点，充分发挥 5G 大带宽、低时延、大连接优势，满足电厂内无线环境恶劣、有线架设困难等特殊需求。

（2）通过定制 5G 专网，实现本地流量卸载和就近处理，满足业务低时延要求。

（3）通过定制切片、定制 DNN 等业务隔离技术，提供专用业务数据通道，实现流量的定向汇聚，确保数据安全，并降低业务时延。

（4）提供优先调度能力，通过 QoS 规则定制，可针对不同业务流实现差异化的业务加速服务。

（5）通过 UPF 独立部署实现本地数据在园区内分流卸载，进一步满足更低时延，以及生产及业务数据不出厂的数据管控需求，极大程度保障数据的安全性。

（6）通过 5G 厂区整体综合覆盖方式，为 5G 智能电厂的各类智能化应用上线做好基础网络服务，解决传输问题。

（7）通过 5G+UWB 融合定位技术实现了火电厂复杂环境下的亚米级高精度定位。

3. 项目获得的知识产权

围绕 5G 技术及应用方面完成一项发明专利，两篇核心期刊论文。

5.1.9.6　案例典型经验和推广前景

5G 网络在传统火力发电厂的深入应用，对于传统制造业转型升级具有重要意义。其通过探索构建全厂范围内的 5G+ 生态，将火电板块的业务纳入其中并进行扩展开发，获得了 5G 商用领域的新突破。5G 网络的低时延特性，使物联网应用向着高精度工业控制领域迈进，提升了物联网智能化应用的宽度和广度。最后，其产学研合一的 5G 联合研发实践模式，也将为行业创新研发试验提供新的可供新技术快速应用推广的渠道。

5.1.10　案例 10　国神花园电厂：5G 工业无线专网智慧火电全场景应用

5.1.10.1　案例概览

所在地市：新疆哈密市

参与单位：国家能源集团国神公司花园电厂、中国联合网络通信股份有限公司

建设模式：自建模式

技术特点：根据分层立体组网、多网络协同、多层异构的工作思路，通过 3 个宏基站、200 个 5G 微基站，构建了厂级 5G 专用网络，实现火电厂区 5G 信号 −10m 至 +200m

的高质量无死角全覆盖，具有网络双向时延小、连接密度大、数据处理能力强的特点。

应用成效：赋予了生产现场每一台设备、每一套执行机构、每一个测点万物互联的蓬勃生命力，实现所有设备数据可采集、可分析、可预警、可控制，建设5G+工业控制系统，基于5G大带宽场景（5G+智能机器人巡检、5G+多路4K视频监控、5G+机器视觉、5G+AR巡检、5G+AI智慧安全帽）、5G低时延（5G+末端数据实时采集、5G+本地实时监控）、5G大连接（5G+智能传感器、5G+边缘计算）等，构建uRLLC、mMTC、eMBB三种以5G网络切片为基础的5G工业无线专网智慧火电全场景应用。

5.1.10.2 案例基本情况

花园电厂成立于2013年7月，位于哈密市大南湖矿区，距离市区79km，安装运营4台66万kW直接空冷发电机组，配套大南湖一矿、二矿共2300万吨/年煤矿，燃煤经皮带直接输送进厂，火电总装机264万kW，光伏装机1.79万kW，是目前国神公司装机容量最大的发电企业，也是“疆电东送”哈密—郑州±800kV特高压直流配套主力电源点，对新疆优势资源转换、河南省和华中地区电力保供做出重要贡献。

结合目前花园电厂现状，主要有以下问题：

基于智能设备的数字化通信和应用手段不足。采集与自动化控制水平不足，智能传感器、现场总线等智能设备应用不够，尚未建立以高性能网络和通信的物联网为基础的数据采集、接入、加工、传输等源数据通路，设备－系统－机组逐级性能智能分析和优化工作无法开展。智能视频巡检、机器人巡检和其他作业工作效率低并且无法满足智能分析的要求。

1）网络信息化基础设施存在不足

目前花园电厂网络严格按照生产控制区、生产非控制区、管理信息区划分为3个网络大区，各个网络区的网络基础建设比较完备，具备基本的网络安全配置，但尚缺乏覆盖全厂的5G网络环境，由于电厂系统环境复杂，局部网络系统缺乏有效的统一管理标准从而为5G的全场景应用带来不便。

2）人员、设备、环境、作业、管理的安全缺乏有力的全域高效管控

受限于现场网络缺失和传输问题，人员安全管理效率低，危险区域人员违规行为处理以事后追责为主，无法通过有效的及时视频监控和网络通信进行事前预防；人员安全需求高、作业过程操作步骤多、检修和维护项目多、高风险作业、人员意识低、流动性大；对全厂的风险分布不清、预控不足，难以形成有力的风险管控。

3）重点区域监管困难

厂区内多个区域包括危险品库房、废油库房、电子间等，存在视频监控和门禁管理缺

失问题，主要原因是有线监控覆盖的造价高、施工难度大，无法做到有效全面地覆盖监控区域。

截至目前5G业务区部署前置服务器2台（机器人前置GPU算法服务器、皮带撕裂监测前置GPU算法服务器），在建项目将新增1台前置GPU算法服务器。

（1）5G巡检机器人：花园电厂建成新疆发电行业、国神公司首家5G+巡检机器人，包括：4台汽机房零米机器人1套、4台锅炉房零米机器人1套、升压站机器人1套、#3输煤栈桥轨道式机器人1套。

（2）5G移动视频摄像头：6台5G视频布控球摄像头、5套5G CPE+摄像头装备。

5.1.10.3 案例技术路线

5G专网采用公专融合方式由运营商建设、维护，网络采用5G切片方式，在厂侧部署MEC 5G核心网设备。终端采用5G物联网卡方式认证入网。MEC核心网分配4个独立网段，分别经视频安全防护系统接入工业监控网、安防监控网，用于5G视频接入。5G智能终端经防火墙（应用白名单）接入5G前置业务区交换机，后通过双向隔离网闸接入企业核心交换机经服务器区防火墙最终至服务器。

1. 网络架构

花园电厂厂区内根据业务的使用范围进行宏基站和室内分布基站的安装和调测，基站采用NSA和SA双模方式，园区内网的业务流（机器人、工业监控、安防、内网终端等）四个业务应用，通过SA的方式开通物联网卡，进入内网，普通公网4/5G用户通过NSA方式访问互联网，不进入园区内网，实现了数据的隔离。

边缘计算（MEC）应用上，花园电厂的5G应用终端（如：机器人、摄像头、传感器等）通过覆盖在本园区的5G基站进行接入，将视频及传感器数据接入园区内的MEC，MEC设备将送往花园电厂本地数据机房的数据流进行分流，直接送至部署在花园电厂企业办公网的各类智能应用服务器平台。

2. 网络安全

根据集团规范要求在5G网络与生产控制网之间增加安全接入区，安全接入区与生产控制区之间部署横向隔离装置，安全接入区与5G网络之间应部署加密认证措施。

通过在花园电厂分别建设5G室外宏基站和汽机房、锅炉房（室内分布），进行5G无线覆盖，实现5G各类终端的无线接入，同时在花园电厂部署一套MEC，实现5G业务在本地流转，实现网络专用，数据不出花园电厂园区，保障网络安全。

为充分发挥5G网络在智慧电厂的深度应用，用5G切片技术实现与生产控制网络、工业视频网络、安防视频网络的融会贯通。与生产控制网之间通信部署双向隔离网闸，与工业、安防监控网络通信接入监控网络视频防护系统。

安全策略：从 MEC 到电厂内网的环节中，MEC 通过挂接防火墙的方式，将业务应用数据传到电厂办公内网，电厂办公内网边界处配备有防火墙、视频网闸等安全设备，在专网部署的方式下，进一步完善边界安全防护，实现网络安全可控。

本专网所采用的所有基站、传输设备和核心网设备均具备切片能力，可实现网络端到端切片功能，满足电厂专网个性化需求的同时确保网络质量和安全性。

3. 覆盖增补计划

厂区增补 5G 宏站 3 套，5G 室内分布式 PRRU150 套，接入现有 MEC 核心网，实现厂区纵向 -10m 至 200m 全量达标覆盖。

4. 生产控制网和管理信息网 5G+ 建设

通过实现工业控制网、信息管理网“全面云化”核心概念，改变现有工业控制网、信息管理网 IT 架构存在的一系列问题，运用标准的 X86 服务器和交换机实现全部 IT 基础设施，打造软件定义基础架构的数字化转型基座，构建“云上花园”高性能、弹性扩展和灵活定义的新型 IT 基础架构，配套 5G 网络的深化应用，实现“端、边、云”全过程数据采集、汇聚、分析，进而推动业务模式创新、业务流程优化、服务体验的重构以及竞争力的增强。新型 IT 基础架构更简单、扩展能力更强，实现 IT 资产服务化，为智慧电厂建设提供强有力的技术保障和高效服务，执行资源架构、智慧应用、智慧智能解析等多项信息化工作全公司领先。

5.1.10.4　案例应用场景

案例成果主要应用场景包括：5G+ 工业控制、5G+ 高风险作业监控、5G+AI 图像识别（输煤廊道巡检、全厂人员行为、作业环境识别）、5G+ 光伏清洁清扫机器人、5G+ 巡检机器人、5G+ 现场传感器接入、5G+ 激光盘煤、5G+ 人员安全穿戴、5G+ 集群调度（可视对讲）、5G+ 地下管网泄漏与监测、5G+ 智能照明、5G+ 智能交通、5G+ 无人值守地磅房等如图 5.45 所示。

◆ 图 5.45　花园电厂 5G 应用场景

场景 1：5G+ 综合管控一体化平台

利用 5G 技术，通过智能管控一体化平台，将三维可视化、人员定位、智能视频识别、智能安全帽等子系统进行了互联互通，成功利用设备监控、安全生产标准化业务、大数据分析等手段，实现了安全生产管理智慧化，进一步有效控制安全生产风险，提升设备安全可靠性和经济环保运行水平，降低人员工作量、降低和控制工作误差率，提高安全生产综合绩效（图 5.46）。

基于 5G 通信和集群管理手段，综合利用大数据分析、安全生产信息化、各管理模块互联互通，实现安全智慧化管理。

○ 三维立体展示整个电厂物理分布情况及设施的运行状态。

○ 通过定位标签实时反馈人员位置信息，可以满足工业上对人员、设备等的定位需求。

○ 集成摄像、照明、对讲、门禁、定位等功能，对现场作业进行远程监控与指导。

○ 充分利用图像识别、视频识别技术对现场人员和设备进行主动、智能识别。

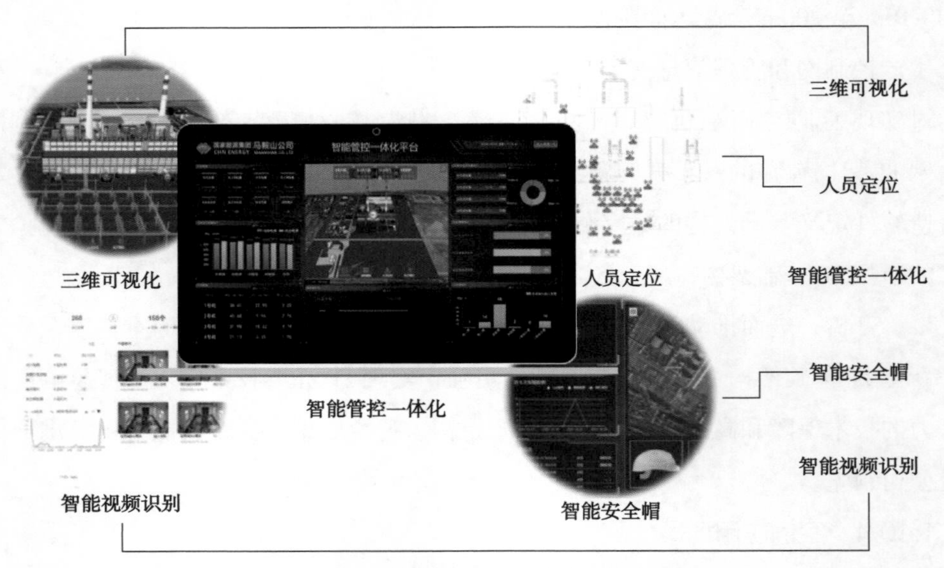

◆ 图 5.46　花园电厂 5G+ 管控一体化平台

场景 2：5G+ 智能融合集群通信系统

构建融合 5G 专网的通信系统，满足应急指挥、协同会商、决策支持应用。通过整合固定电话、移动终端和视频会议等多媒体手段，建立数据传输、语音通话、视频接入的融合通信系统，实现电厂内相关部门的音视频会商，实现多方协同综合研判会商。将过去的会议坐席、无线调度坐席、固话调度坐席三席合一，在应急联动和处置情境下快速响应。

融合通信系统总体架构如图 5.47 所示。

本次建设的融合通信系统，主要以 5G 无线网络智能调度基本方案为主要场景，实现生产系统人员基于 5G 通信技术的终端调度、对讲通信功能。

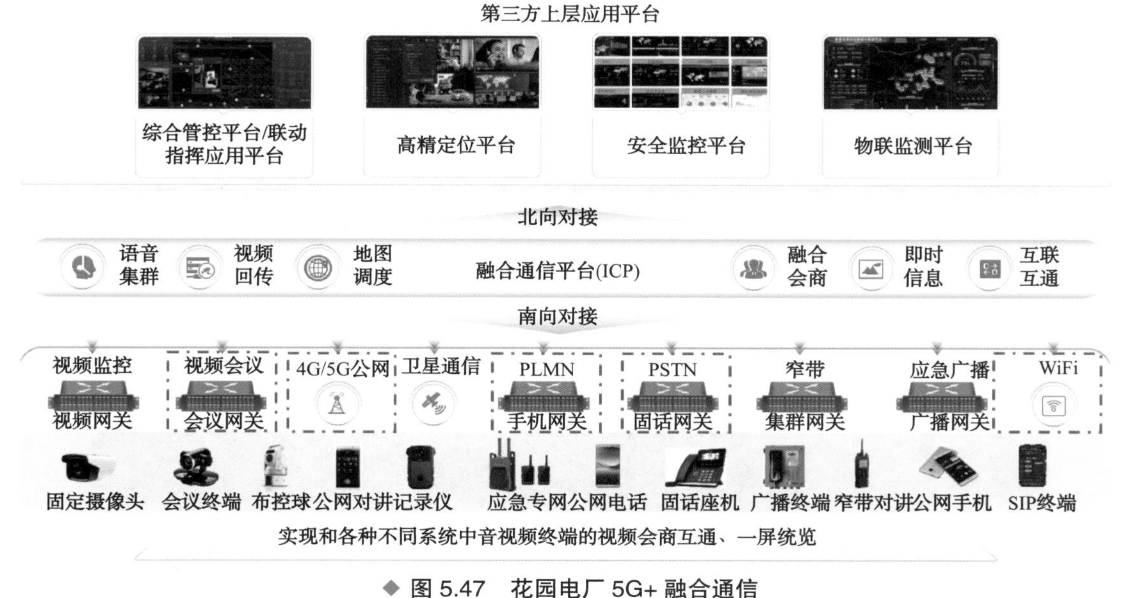

◆ 图 5.47　花园电厂 5G+ 融合通信

场景 3：5G+ 工业控制

（1）基于 5G 设备故障预警与诊断

应用 5G 专用网络的 mMTC 切片实现工业域设备故障诊断。即在现场设备上加装功率传感器、振动传感器和高清摄像头等，通过内置 5G 模组或部署 5G 网关等设备接入 5G 网络，实时采集设备运行数据，通过安全接入区接入至智能发电平台的智能监盘模块。智能监盘模块可对采集到的运行数据和现场视频数据进行全周期监测，建立设备故障知识图谱，对发生故障的设备进行诊断和定位，通过数据挖掘技术，对设备运行趋势进行动态智能分析预测，并将报警信息、诊断信息、预测信息、统计数据等信息进行智能推送。

通过在现场设备及生产运行环境中安装振动、温度、湿度、超声、噪声等各类智能传感装置，并采用安全加密传输技术和厂内无线网络，将测得的过程和设备状态监测数据送入实时数据池进行深入分析和实时监测。泛在感知数据系统可有效增加机组运行过程中各类监测数据，为设备远程诊断、故障预警、智能监盘提供大量的基础数据；配合总线设备管理系统上传的设备状态监测数据，构建面向全厂设备的立体式监测系统，共同构成运行监测和智能监盘的多维数据基础，全面提升智能发电平台对生产现场的透视和感知能力。

设备故障预测与诊断系统建设是以核心诊断技术为基础，建立设备故障诊断标准化体系，以高水平诊断专家为依托，实现电厂、系统、设备、参数级的早期预警与故障诊断分析，为全厂提供专家级的设备故障分析和诊断服务。通过故障预测与诊断，保障设备安全稳定运行；预测设备运行状态，为设备的状态检修提供依据；优化设备运行方式，提高机组经济性；解决技术人员和技术力量不足的问题。

花园电厂 5G+ 设备故障预警与诊断系统如图 5.48 所示。

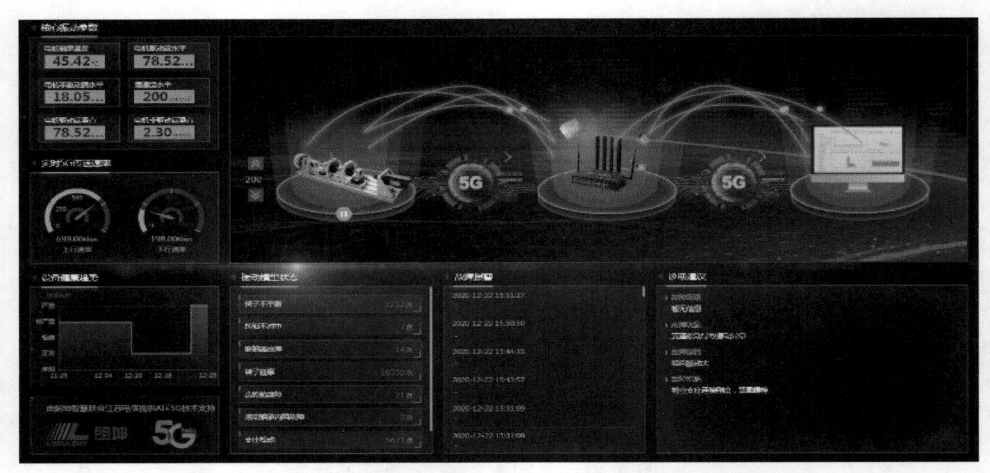

◆ 图 5.48　花园电厂 5G+ 设备故障预警与诊断系统

（2）基于 5G 的智能巡检

智能巡点检系统集成现有机器人、智能巡检和视频监控系统，开发建立一套智能巡检管控平台，集 5G、AI 技术、智能监测监控、设备远程巡检、三维可视化为一体。

（3）5G 巡检机器人

花园电厂建成新疆发电行业、国神公司首家 5G+ 巡检机器人，包括：4 台汽机房零米机器人 1 套、4 台锅炉房零米机器人 1 套、升压站机器人 1 套、3# 输煤栈桥轨道式机器人 1 套。

机器人通过集成 5G 模组连接网络，利用 5G 网络大带宽、低延时、高可靠的特性，保障机器人在高压强磁、设备密集区域实时的数据交互，5G 网络可靠性高、免维护、实时性强、数据量大。

同时机器人巡检平台可以将巡检数据集中统计分析，发现异常情况及时通过平台和手机短信给检修人员推送告警，提高了巡检数据利用价值，使用机器人巡检可以提升设备巡检频次，减轻运维人员劳动强度，保障重点区域设备安全运行。

（4）5G 光伏电站智能清扫运维机器人

应用 5G 网络通信技术低时延、大容量、高速率及网络安全可控的特点，实现对高密度部署的光伏清洁装置 5G+ 智能控制、5G+ 智能监测典型应用，应用光伏清扫装置耐高温、耐低温、不外接电源、不拖拽线缆的自主供电系统，开发数据建模分析、数据孪生等技术应用的光伏清洁运维管理驾驶舱平台。

5G 光伏电站智能清扫运维机器人的优势如下：

① 5G 高带宽优势，保障画面传输效率；

② MEC 边缘计算，提升本地计算能力；

③保障光伏电站安全生产环境。

花园电厂 5G+ 光伏清扫机器人如图 5.49 所示。

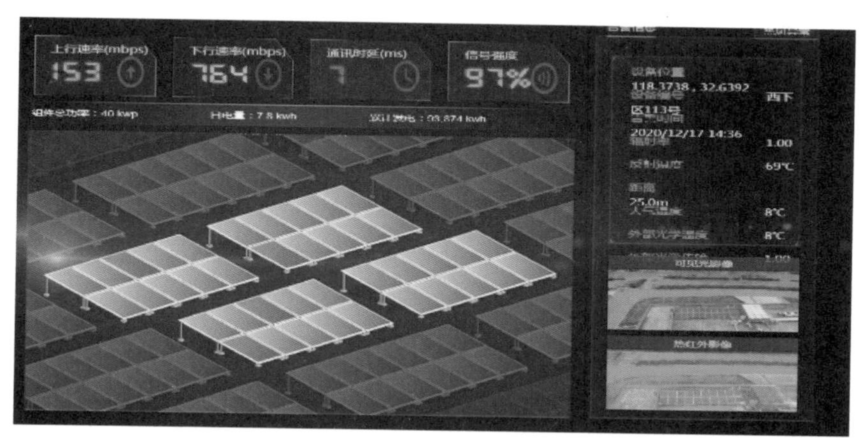

◆ 图 5.49　花园电厂 5G+ 光伏清扫机器人

（5）5G 数字化实时盘煤

5G 数字化实时盘煤系统通过融合 5G 专用网络，利用激光红外探测器对料场的存量信息进行实时采集，并且利用成熟的计算机网络技术、数据库技术、数据采集技术、可视化技术等对料场数据信息进行全面、有效的集中化、自动化管理，建立信息状态监控、数据采集、分发、传输等模块，实现数据统一管理、查询、共享和分析。

花园电厂 5G+ 实时盘煤如图 5.50 所示。

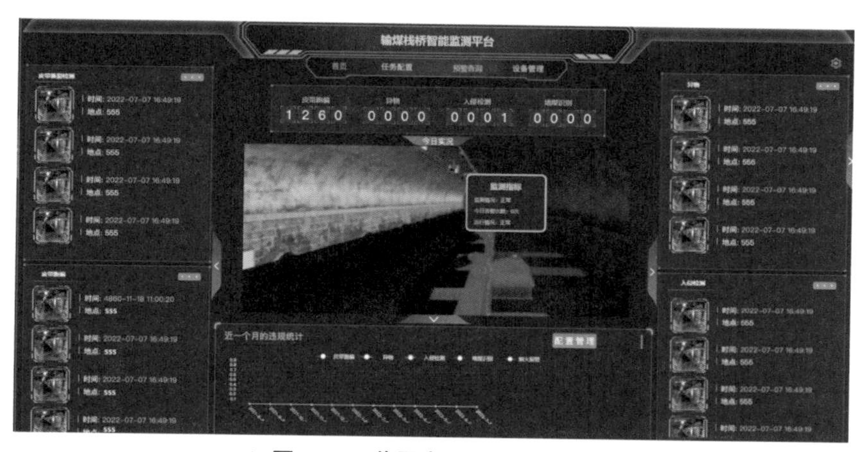

◆ 图 5.50　花园电厂 5G+ 实时盘煤

（6）基于 5G+AR 的远程运维指导

借助 5G 大带宽、低时延保障画面传输质量、增强用户体验；提高设备可靠性、保障安全生产。

花园电厂 5G+AR 远程运维指导如图 5.51 所示。

◆ 图 5.51　花园电厂 5G+AR 远程运维指导

（7）5G 移动视频监控

花园电厂建设完成基于 5G 的智能移动视频监控设备，主要包括：5G 视频布控球摄像头、5G CPE+ 摄像头装备等设备；其中 5G 视频监控应用为 5G CPE+ 摄像头和 5G 一体式视频布控球两种方式。作为公司首家运用 5G+ 视频监控的发电企业，5G 视频监控通过“高速接入”“高可靠性”“高灵活性”“高安全性”的“四高”优势有效发挥了信息化技术对安全生产的实际作用，更好地提高了花园电厂高风险作业安全管控水平，实现了 5G 网络与 AI 物联网技术的深度融合，具有如下特点：

① 5G 高带宽优势，保障视频传输效率；

② MEC 边缘计算提升本地计算能力；

③提高人员安全生产意识。

花园电厂 5G+ 移动视频监控如图 5.52 所示。

（8）5G+ 地下管网泄漏检测与定位系统

利用 5G 通信技术和融合智能传感器，实现对地下管网全天候、无人化的泄漏监测和定位，提高设备可靠性。

◆ 图 5.52 花园电厂 5G+ 移动视频监控

应用 5G 网络通信技术，通过检测装置集成 5G 模组或 5G CPE 的物联网接入方式，利用 5G 专用网络低时延、大容量、高速率及网络安全可控的特点，实现对高密度部署检测装置 5G+ 智能控制、5G+ 智能监测典型应用。

应用一种基于 5G+ 工业互联网融合的复杂管网泄漏检测与定位系统管理平台软件，通过数据建模、数据分析等技术应用，打造集泄漏故障检测、泄漏故障报警、泄漏程度、泄漏位置判断、泄漏故障诊断报告一体化的复杂管网泄漏检测与定位智能系统。

通过 5G 通信技术，实现精准数字化映射，以应用功能设计、多维系统数字化设计，并基于各种先进算法实现深度建模以形成最佳综合决策信息，实现设备实时监测与漏点定位全业务流程的闭环管理。

（9）基于 5G、边缘计算的智能照明系统

基于 5G、边缘计算及节能技术等手段，通过智能灯光管控和节能分析软件实现生产厂区照明的智能化管理。

花园电厂 5G+ 智慧照明如图 5.53 所示。

①节能降耗。实现灯具与人、车交互感应，人（车）来灯亮，人（车）走灯暗，降低厂用电，实现电厂节能降耗。

②安全防护。实现电厂部分照明系统的实时监测和集中控制，掌握系统电气状态。支持手动干预分区域照明开关，减少因为照明不足造成的人员伤亡事故，保障人员安全。

③效率提高。实现照明设备的无人值守，集中控制，减员增效，降低劳动强度，减少故障率。

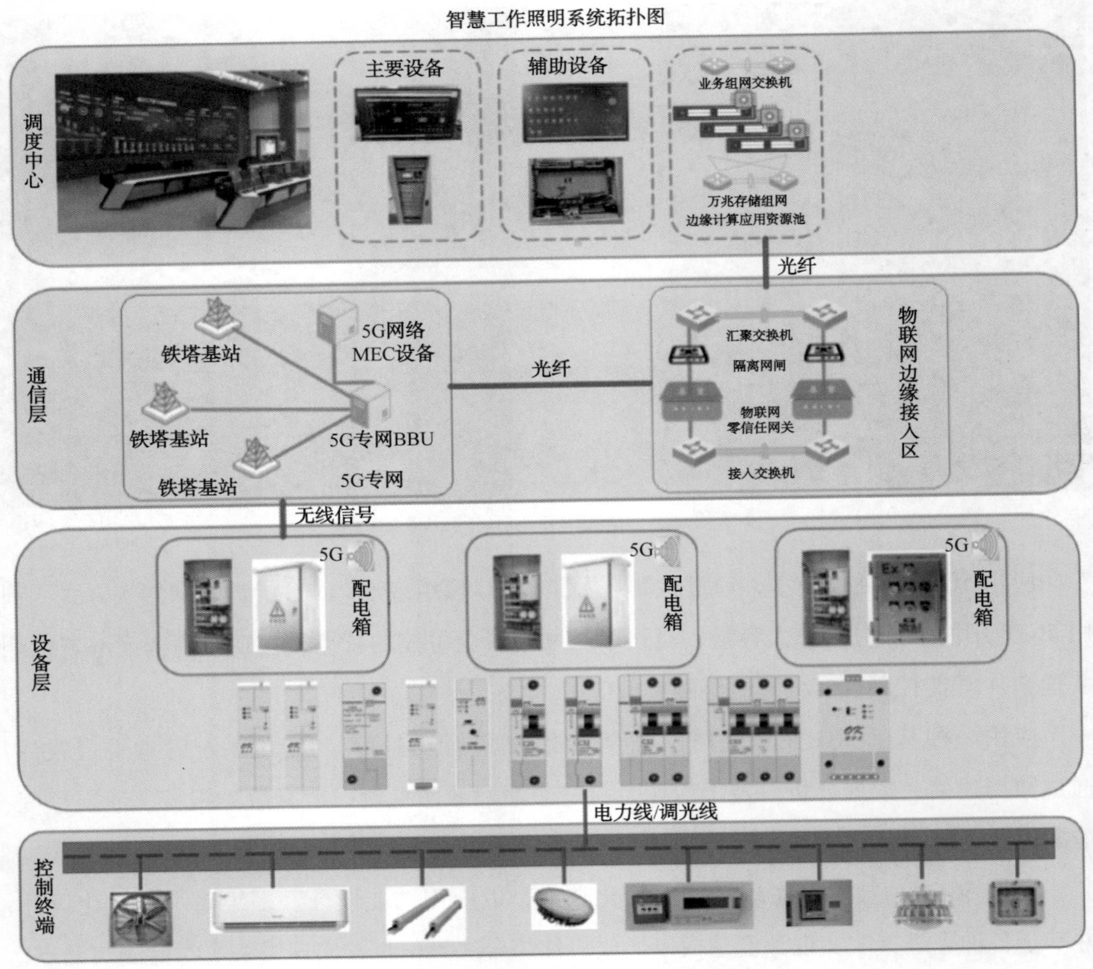

◆ 图 5.53　花园电厂 5G+ 智慧照明

5.1.10.5　案例主要成效

利用 5G 网络全覆盖的能力，搭建基于 5G 技术的高速工业无线网，建设 5G+ 工业控制网络系统，将智能巡检、智能视频监控、智能门禁、智能安全管控、智能设备监测分析与故障诊断等业务场景通过 5G 网络传输至相应综合分析处理的数据平台。

5G 网络低时延、大连接特性可实现电厂分布式储能调节能力评估、发电预测以及场站运行分析等模块数据实时交互。此外，电厂设备传感器和高清摄像头视频数据通过 5G 大带宽能力传输到云平台或本地边缘计算平台，实现厂区无人化巡检、机器视觉视频安防等应用。

通过部署安装多形态 5G 智能设备，实现全区道路、重点厂区等点位的作业安全远程监督、风险自动提醒、违章自动报警等各功能。

在5G网络全覆盖的能力下，通过设备网络的在线实时预警与诊断系统，实时监测关键设备状态，捕捉早期异常征兆，让机组关键设备处于实时可控状态，从而构建电厂设备可靠性评价中心，开展设备智能运维与设备检修决策；在设备故障形成的早期发现征兆，提前采取措施避免故障的发生，变被动检修为主动检修，变非计划停机为计划停机，能够通过减少设备故障的发生、检修间隔的合理延长和缩短检修时间降低检修费用，提高发电机组的可靠性和可利用率。

1. 经济效益

（1）综合运行煤耗降低1~3g标准煤/kW·h。

（2）机组主要参数控制品质优于国内同类机组平均水平10%以上。

（3）降低机组检修、维护和试验费用10%以上。

（4）可减少生产管理人员工作量20%以上。

（5）通过安全防护、视频、智能预警等技术手段，变被动安防为主动安防，消除各类设备隐患和风险达到本质安全的目的。

（6）通过智能巡检、智能监盘、大数据诊断等技术手段，最大限度地解放生产人员和管理人员劳动强度，使人员从重复、低效的劳动中解脱出来，从事更高级的分析、管理工作，达到减员增效的目的。

（7）基于发电企业设备运行环境，利用大数据及人工智能算法，优化运行过程，降低供电煤耗，提高发电供热效益。

（8）基于发电企业设备运维标准，利用传感器、大数据及人工智能算法，预测设备状态变化，提高设备可靠性，降低维护成本。

（9）基于发电企业运营成本要素，利用大数据及人工智能算法，计算、展示及预测企业成本变化，分析诱因，辅助报价，降本增效。

2. 环境和社会效益

（1）管控流程优化，高效协同。流程再造，梳理各项工作审批流程，优化管理过程。合理分配权限，提升审批速度，加强部门协同，降低沟通成本60%以上。

（2）移动办公应用，高效快捷。随时随地开展各项业务活动，可以提升工作效率40%以上，降低沟通成本60%以上。

（3）知识库应用，精细化管理。通过知识库梳理、总结、积累，实现规范化、标准化、精细化管理；使工作有据可依；降低学习成本，提升工作效率40%以上。

（4）快速决策，高效指挥。利用大数据技术，实现生产和管理的预警预测，让管理人员及时了解运营动态，便于管理者敏捷决策，迅速指挥及给出指导意见，降低沟通成本达40% 以上。

（5）顺畅处理，快速落实。依托 5G 高速传输，高效快速的分析通道，实现及时准确的远程诊断。依托人工智能识别技术，及时发现人员违章行为并实时警告和留痕，实现违章行为处理有据可查，降低安全风险。

（6）岗位优化，减员增效。通过智能控制优化，形成实时、闭环的人工智能优化，提高锅炉效率，降低还原剂成本、控制风机电耗。提升智能化水平，解放运行人员。利用融入先进的物联网、自动控制技术实现燃料作业智能化、燃料管理数字化，提升自动化水平，实现燃料全过程少人值守。

5.1.10.6 案例典型经验和推广前景

通过视频 AI 识别、定位服务、物联网等先进的技术手段，建立智能安全管理系统统一平台。借助智能化技术和设备，通过门禁、人员定位、电子围栏物防、视频监控、技防管理手段应用集成，实现对生产现场作业人员不安全事件的实时监控、识别、抓拍、警示报警等，控制生产现场违规风险、减少事故发生，保障现场作业人员生命安全和避免企业财产损失，提高电厂安全生产管理水平，满足电厂对安全防护管理的整体要求。

5.1.11 案例 11 国能汉川电厂：5G+MEC 智慧电厂创新示范应用

5.1.11.1 案例概览

所在地市：湖北省汉川市

参与单位：国能长源汉川发电有限公司、国能龙源电气有限公司、中国联合网络通信有限公司湖北省分公司

建设模式：自建模式

技术特点：①通过 3.5G 与 2.1G 两种不同频率的 5G 专网覆盖，实现生产大区和管理大区 5G 专网分隔运行，形成“1 套专网，2 个平面”的创新 5G 专网成果。②创新地将 5G 专网安全融合入到电厂内网。建设网络隔离与访问控制、入侵检测与响应、漏洞扫描、防病毒、数据加密、身份认证、安全监控、运维管理安全、主机安全风险、日志行为追溯与安全网络风险感知等平台安全设备，并且在各个设备或系统之间能够实现系统的功能互补和协调动作。③本项目 5G 与 UWB 进行融合应用，UWB 定位基站与 pRRU 站点通过设备网口直连，使得 UWB 定位基站复用 5G 网络传输通道，同时实现供电及数据传输，一次部署完成 5G 通信与 UWB 定位两张网络建设。④ 5G+ 电厂周界无人机自动巡检系统，将地面站的查看、控制、告警等功能，融合到汉川电厂管理网，实现与电厂 IMS 和三维系

统的融合。⑤ 5G+ 远程辅助检修 AR 眼镜系统具有高清拍摄，人脸抓取，远程视频通话等功能，应用于火电厂的生产辅助管理。

5.1.11.2 案例基本情况

汉川公司始建于 1989 年，坐落于湖北省汉川市经济技术开发区，南倚汉水，北临 107 国道和京珠高速，厂用铁路专线与汉丹铁路线相连，处于湖北电网鄂东负荷中心，是国家“七五”重点能源建设项目、湖北省第一家装机容量达到百万千瓦的火力发电厂，是华中电网的骨干电厂，是集团公司在湖北省最大的火力发电企业。

公司现有装机容量 332 万 kW，分三期建成。一期 2 台 30 万 kW 机组分别于 1990 年 7 月 12 日和 1991 年 6 月 28 日建成投产，总投资 9.26 亿元。两台机组于 2019 年获准延寿运行 10 年。二期 2 台 30 万 kW 机组分别于 1997 年 1 月 12 日和 1998 年 4 月 11 日建成投产，总投资 25.61 亿元。4 台 30 万 kW 机组先后于 2008 年至 2011 年实施汽轮机通流改造，单台装机容量扩容至 33 万 kW。三期 2 台 100 万 kW 机组于 2010 年 9 月开工建设，分别于 2012 年 12 月 21 日和 2016 年 8 月 18 日建成投产，总投资 62.02 亿元。配套建设的三期码头年设计吞吐量 194 万 t，拥有 2 个 1000 吨级货船散泊位。四期扩建工程 7 号机组扩建项目（1×100 万 kW）正在开展前期各项工作，已完成立项和核准，预计静态总投资 37.77 亿元。

截至目前建有 6 套 3.5GHz 5G 宏站、1 套 2.1GHz 5G 宏站、200 套 5G 数字化室内分皮站，实现全面厂区范围覆盖 5G 专网信号。其中 5G 专网的峰值速率（下行 907Mbps、上行 256Mbps）、平均速率（下行 685Mbps，上行 224Mbps），网络双向时延小于 15ms，支持 10^7 个终端 /km^2 的连接密度，数据处理能力超过 20Gbps，达到火力发电 5G 应用行业领先水平。

5.1.11.3 案例技术路线

1. 网络架构

5G 网络架构是由接入网、承载网、核心网组成，并增加边缘计算设备 MEC。

本项目新建 1 套小型化 5GC 核心网专网，与电厂业务平台对接，提供业务策略，实现厂区 5G 专网用户的接入。5G 专网用户数据保存于电厂内，电厂可以自主管控该类用户，保证厂内生产数据不出厂区。

其中厂区部署轻量独立 5GC 专网，包含控制面 AMF、SMF、UDM 以及数据面 UPF，用户信令和数据不出厂区。联通大网 UDM 负责开卡功能，并向厂区 UDM 周期性同步用户数据，厂区 UDM 支持签约数据访问 & 鉴权功能，独立部署联通 5G 自服务网管网平台，实现自行查询管理网络状态。

通过 3.5G 与 2.1G 两种不同频率的 5G 专网覆盖，全国首次实现生产大区和管理大区 5G 专网物理分隔运行。

2. 网络安全

本次厂区的覆盖方案采用独立部署 5G 专网，将边缘计算（MEC）设备部署在厂区内，同时考虑到本次建设的信息安全系统主要用于 5G 网络平台及应用系统的网络安全，将逻辑隔离防火墙及高性能入侵检测防御系统用于 5G 专网和厂网的隔离以及安全风险监测防御。

3. 5G 网络覆盖

综合考虑电厂一、二期、三期环境现状，结合电厂 60 个覆盖场景需求，通过现场实地勘查，本期以全厂覆盖 5G 信号为目标共计建设 7 套 5G 专网宏站以及 200 个数字化室分站。

结合实际部署场景和预期需求，5G 网络部署在热点高容量区域，采用较高射频通道数（64 通道）的 AAU 天线设备提升系统容量；同时，192 辐射单元较 128 辐射单元的增益能提升约 1.8dB，有利于广度和深度覆盖，选择 192 辐射单元的 AAU 天线设备。

本项目全厂区域 5G 覆盖率达到 100%，信号覆盖范围达 –10~100m。通过覆盖分析，根据现有基站分布结合现场勘查，以及信号覆盖 500~800m 能力范围，在厂区内新建 7 座通信基站。室内 5G 网络建设采用 LampSite 技术打造 5GtoB 高性能电厂网络。依据覆盖需求，共计建设 200 套数字化室内分站。

4. 5G 网络安全接入管理信息网和生产控制网

与传统的 UPF 下沉方案相比较，本次项目提供的 5G 核心网方案具备在大网失联场景下对厂区的 5G 专网提供 2 种业务容灾能力：惯性运行和应急接入。提高了厂区 5G 专网运行的可靠性及安全性。

惯性运行：对于稳态用户，保持现有数据业务继续进行，不受影响。

应急接入：对于产生信令的用户（终端主动发送信令，或终端跨无线基站移动产生切换信令），由于大网失联，厂区 5G 网络会将用户信令发送给厂区应急 5GC，通过注册流程，用户在应急 5GC 重新注册后恢复业务，实现容灾。

同时，在本项目中建设了 2 套核心 5G 服务器，提供负荷分担能力，实现 AMF、SMF、UPF、UDM 网元级容灾。可用性达到 99.999%，确保业务正常运行。

（1）接入生产控制网。采用独立的华为 MEC 设备将 5G 网络（2.1GHz 频段）接入生产控制大区，并在现场进行网络安全测试，主要包括抗干扰测试、传输速率测试、网络隔离测试、延时性测试等，实现生产现场的各类测量数据可以快速便捷地接入工业控制系统。

（2）接入管理信息网。5G（3.5GHz 频段）络安全接入管理大区网络，实现工业无线网络在公司厂区的全面覆盖，同时利用 5G（3.5GHz 频段）网络将公司内部的各类智能化设备如智能摄像头、智能机器人、巡检仪、个人穿戴设备等接入 5G 网络，实现各类生产人员、智能化设备的互联互通。接入方式为通过交换机级联接入管理信息网，利用 MEC 设备对接入的终端 MAC 地址进行认证，提高网络安全性。

5.1.11.4　案例应用场景

5G 网络具有低延时、大带宽、高可靠性的特点，汉川发电公司 5G 网络全覆盖建成后，5G 专网的网络基础已搭建完成。主要应用如下：

场景 1：5G+UWB 高精度人员定位应用系统（信息管理大区）

本期该系统主要覆盖 1#、2#、3#、4# 机组的汽机区、5#、6# 机组的汽机三层及锅炉 0m 层，氢站、氨站、油库高危防爆区域，以及室外的道闸、岗亭区。总体做二维定位呈现，重点生产区域需在二维精准定位的基础上，做精确的三维数据接入展现，部分房间与复杂区域做存在性感知定位，走廊、大型设备之间等狭长的区域做一维定位。

高精度人员定位系统平台如图 5.54 所示。

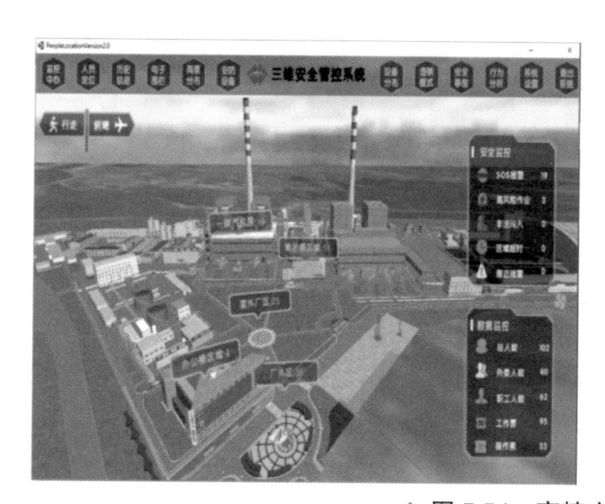

◆ 图 5.54　高精度人员定位系统平台

场景 2：5G+ 电厂周界无人机自动巡检系统（信息管理大区）

本项目 5G+ 电厂周界无人机自动巡检系统可根据用户需求进行客户化定制。利用 5G 无线信道将飞机参数下传，同时将云台俯仰角下传，可实现现场定位。

场景 3：5G+ 远程辅助检修 AR 眼镜系统（信息管理大区）

本期 5G+ 远程辅助检修 AR 眼镜系统主要包括两个部分，分别是智能眼镜和设备服务程序。

前台终端系统分别由智能眼镜及连接的智能手机组成。在智能手机上安装定制的智能巡检 APP，通过 5G 网络与后台内容服务器进行连接。内容服务器上存储展示的多媒体资料或者实时内容的链接，巡检人员佩戴智能眼镜，可以通过语音、扫描特征图片等方式提出检索条件，在内容服务器中的相应目录中获取内容，在手机端的 APP 中进行渲染和部署，最终以 3D 方式在眼镜中呈现。

后台系统由企业服务平台构成，具备远程工作指导、过程助手，AI 识别等功能，实现厂区 AR 系统所要求的各项功能。后台管理人员或者专家通过 PC、手机或者平板电脑的浏览器连接到平台中，实现与前端眼镜佩戴者的实时通信。整个方案的实时架构图如图 5.55 所示。

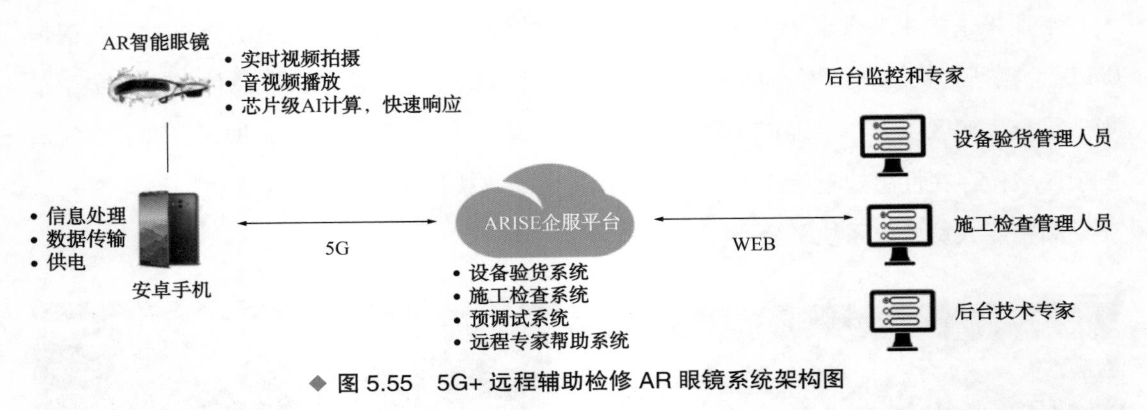

◆ 图 5.55　5G+ 远程辅助检修 AR 眼镜系统架构图

场景 4：5G+ 电厂环境监测系统（信息管理大区）

本期 5G+ 电厂环境监测系统是一套集成物联网、大数据与云服务、自动控制、GIS 技术的综合性的微型智能环境空气质量监测系统。采用分布式终端采集、云终端汇总与浏览，为厂区管理部门实现实时集中监控。平台数据中心可提供各监测点位数据的实时展示、实时监控空气环境质量，实现在线数据查询及报表统计、数据归集和排名反馈、空气质量预警预报、污染源溯源与趋势分析、污染防治服务等，为厂区环境数据提供信息资源和手段。

5G+ 电厂环境监测系统示意图如图 5.56 所示。

场景 5：5G+ 六大风机预测性维护系统（生产控制 Ⅱ 区）

本期 5G+ 六大风机预测性维护系统是一套集成物联网技术、大数据与云服务的综合性的智能生产控制区系统，如图 5.57 所示。根据电力生产网络安全的要求，通过 2.1GHz 频段的 5G 站点采集前端视频及传感数据（包含震动、位移、磁通量、噪声），在应用端通过协议转换器回到应用平台，实现六大风机的实时在线监测。

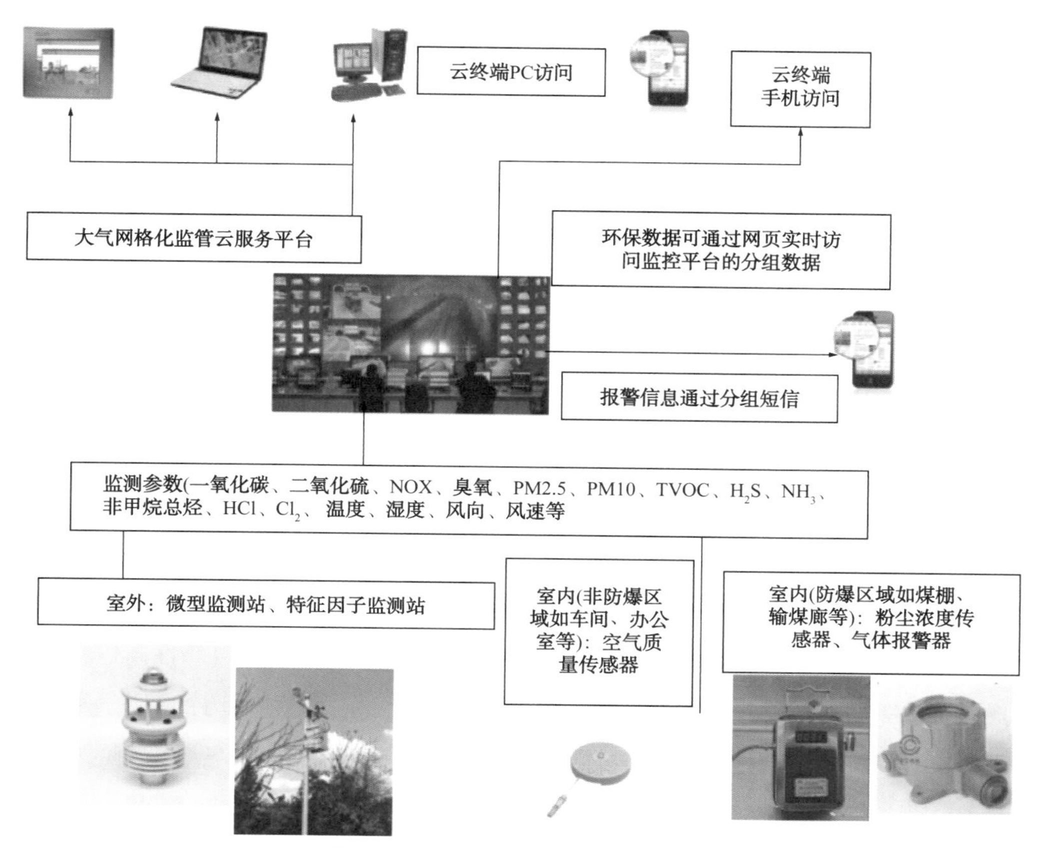

◆ 图 5.56　5G+ 电厂环境监测系统示意图

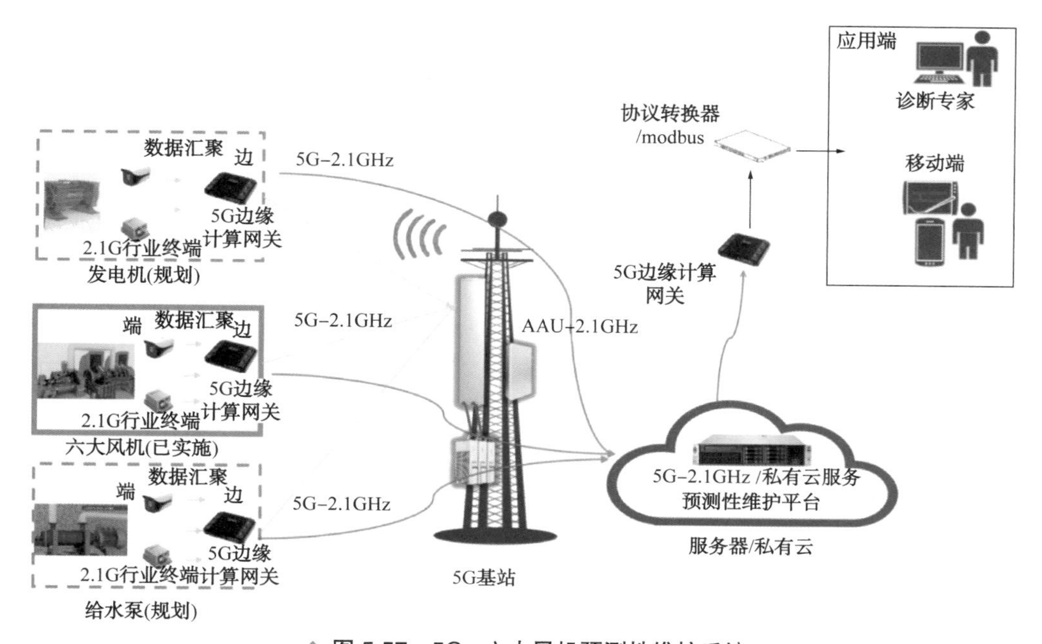

◆ 图 5.57　5G+ 六大风机预测性维护系统

5.1.11.5 案例主要成效

1. 经济效益

通过本期项目的实施，在一次性网络的建设投资方面，5G 网络的投资比沿用传统建设方式共计减少 400 万投资成本。

5G 应用建成后，在直接成果效益方面，预计可减少工作人员 18 名，合计减少人力成本每年 360 万元。同时在受限空间作业和高风险作业监控等方面可减少线缆的重复投资每年约 120 万元。

在间接经济效益提升方面，不仅降低了电厂运行维护成本，同时对煤样品质预防、安全施工、安全生产管理、设备使用年限方面均有不同程度的提升，帮助电厂降低了事故率。初步评估每年减少电厂运行维护成本 1000 万元。

2. 环境和社会效益

基于 5G+MEC 的国能汉川发电公司智慧电厂创新示范应用项目的实施，能为生产控制系统提供低时延：端到端 ms 级，抖动 μm 级的低延时数据保障，可靠性高达 99.999%，可实现百纳秒级同步精度；为数据采集系统提供每平方公里高达 1 百万的并发连接，并且使用寿命长达 10 年，实现全厂室内外连续的 Gbps 级别数字覆盖，为智慧电厂的建设打下坚实基础。

随着信息通信技术的不断创新和跨界融合的快速发展，5G 作为信息基础设施的核心引领技术，成为推动产业转型升级和经济社会发展的新引擎。具备大带宽、低时延、大连接特征的 5G 通信技术契合电力行业的通信需求，结合网络切片、多接入边缘计算等技术，5G 网络可为电力用户提供高速、可靠、低时延和高安全的综合信息通信服务，从而改变发电厂传统运行模式，提升发电厂的安全运营等级和效率，对推动传统发电行业数字化转型提供了示范效应。

以安全高效便捷的 5G 网络为支撑，深度结合 5G+ 万物互联产业创新发展，以 5G 融合电厂生产管理应用为切入点，整合重塑电厂生产管理数据生态，构建发电企业 5G 生态，利于催生电力行业新应用、新模式，利于推动智慧电厂数字化、网络化、智能化转型，助力电力行业高质量发展，助力产业降本增效、能级提升，进一步助力实现“碳达峰、碳中和”。

3. 成果奖励

√ 获选 ICT 中国创新奖（2022 年度）优秀“创新应用奖”；

√ 获选湖北联通 2022 年电力行业示范项目一等奖；

√ 获选湖北联通 2022 年最具效益 ICT 项目一等奖；

√ 发表《智慧火力电厂在5G技术方面的探索》论文；

√ 专利2022217566596一种超高强度的5G输电塔钢结构支架；

√ 专利16136887一种5G户外机柜。

5.1.11.6 案例典型经验和推广前景

数字化转型是电厂发展的必经之路，国家政策、企业政策层面都在全面地推广5G技术与电厂技术的结合。推广上述应用和技术的主要措施为加快5G网络建设进度、丰富5G技术应用场景、持续加大5G技术研发力度、着力构建5G安全保障体系等，加深5G技术与电厂的融合。

本项目所用的技术已处于成熟阶段，项目具备大规模推广条件。在不断的推广过程中5G网络设备价格将会降低，5G应用场景能力将会有质的飞跃。本项目的示范效应将会引领国能集团旗下各个发电厂数字化转型智慧电厂，对产业技术，服务的变更影响深远。

5.2 5G+水电典型应用案例

5.2.1 案例1大渡河大岗山公司：5G+智慧水电站

5.2.1.1 案例概览

所在地市：四川省雅安市

参与单位：国能大渡河大岗山发电有限公司、中国移动通信集团四川有限公司

建设模式：自建+租赁模式

技术特点：基于5G技术高带宽、低延时、大容量的特点，搭建以5G为关键核心技术的数据“大传输”通道，实现电站生产区域5G信号的全覆盖，并开展了多项5G+工业物联网应用场景研究与实施。

应用成效：利用5G网络全覆盖的能力，深入开展基于5G技术融合的水电站典型应用场景研究与探索应用，实现了设备巡检、人员管控、车辆调度等场景智慧化管控。

5.2.1.2 案例基本情况

国能大渡河大岗山发电有限公司位于大渡河中游石棉县王岗坪乡挖角村境内，于2005年10月成立，主要负责大岗山水电站的投资开发、建设、运维、运营管理工作。大岗山水电站是国家能源集团目前已建单机容量最大的水电站，大渡河干流水电规划的第十四级电站，上距泸定县城约72km，下距石棉县城约40km。大岗山水电站总装机容量2600MW，安装4台650MW水轮发电机组，电站利用小时数为4396h，年发电量为114.3亿kW·h。在系统中担负调峰及调频，枯期担负峰腰荷，汛期主要担负基荷，是四川电力

系统中骨干电站之一。具有世界最高地震烈度、210m 高拱坝建设、500m 级高边坡开挖和大洞室群施工的“三高一大”工程特点。

近年来，“无人值班、关门水电站”是水电建设领域的新发展趋势。此应用要求“5G+ 智慧水电”规划和建设的过程中充分运用 5G+ 全生命周期系统监控、5G+ 人工智能、5G+ 大数据分析、5G+ 虚拟控制等先进技术，实现设备自动巡检、故障精准排查、设备智能联动，促进电力流、信息流、业务流智慧一体化融合。

大岗山公司基于“5G+ 智慧水电”发展要求，结合水电站特点及业务需求，积极搭建 5G 传输高速路，研究 5G 应用新场景。截至目前建有 8 个室外宏基站、5 个室内分基站，实现了厂区 5G 信号的高质量全覆盖。5G 网络上传速率 80Mbps，下载速率 150Mbps，SA 无线接通率 99.57%。搭建了 5G+VR 智能巡检、5G+ 智能安全帽安全哨兵、5G+ 无人驾驶车辆管理多个智慧化场景，形成了基于 5G+VR 技术的水电站远程巡检新模式，构建了“一对多管控和纠错及时性”的安全管控新模式，实现了厂区内无人驾驶车辆的科学调度和乘车共享。

5.2.1.3 案例技术路线

1. 网络架构

采用 5G 切片技术搭建全厂统一的以 5G 网络为主干的局域网，根据不同业务应用对用户数、安全机制、带宽的要求，将一个物理网络切割成多个虚拟的端到端的网络，切分出安全Ⅰ区、安全Ⅱ区、安全Ⅲ区，每个切片都是一个独立的端到端网络。各切片之间相互隔离，并具备边缘计算能力，最大限度地降低时延和实现数据分流。各网络切片根据业务场景需求，以及移动性、安全性、时延性、可靠性定制化网络结构，搭建低成本、高质量的数据传输“高速路”。

5G 网络功能基于服务化架构实现，功能实体之间的交互基于服务化接口的调用方式，控制面网络功能按需由数个相对独立且可被灵活调用的服务组成。

用户侧的 5G 终端使用四川移动 5G 专用物联网卡，设置专用数据网络接入点。5G 终端在电站内 5G 独立组网模式下使用（可回落至 4G 使用），客户业务控制终端通过网线、WiFi 信号等形式连接至 5G 终端使用。

业务控制终端通过使用 5G 终端的网络进入移动专用数据网络通道，相关信息通过园区内基站直接发送至园区机房中的专用下沉 UPF 进入内网。

内网服务器通过机房内的对接设备，使用机房内裸纤的形式直接和专用下沉 UPF 进行对接。

2. 网络安全

（1）架构安全。整个组网结构主要分为3个部分，5G无线基站侧、5G核心网侧、用户内网侧。终端通过无线空口接入“无线基站”，开启完整性保护。无线基站通过移动公司专有传输（与公网隔离）接入5G核心网。5G核心网C面与用户内网通过专有线路连接，U面在园区机房内直接对接。

（2）内网接入安全。使用专用下沉UPF对接客户内网，对接区间配置安全防火墙，保证内网对接安全性。

（3）用户接入安全。配置专用数据网络。仅指定物联网号卡绑定该专用数据网络，并将该数据网络通道出口配置于专用下沉UPF上，只有绑定的专用数据网络的号卡才能接入到专用下沉UPF去与服务器通信，确保用户接入的安全。

3. 网络覆盖

机房建设加密虚拟网络传输设备及边缘UPF各一套，边缘UPF接口通过加密虚拟网络对接基站。

边缘UPF接口需接入到加密虚拟网络，打通至相关5G基站路由。将本地UPF的地址发布到对应的加密虚拟网络汇聚接入域。在对接UPF网关的加密虚拟网络上配置高低优先级的静态路由，目的地址指向UPF。通过加密虚拟网络SR-BE隧道实现UPF到相应的5G基站路由通达。

无线网采用2.6G提供网络覆盖、基础容量保障，通过局域专网部署提供高隔离能力。

核心网边缘UPF采用网云分离场景，采用普通UPF，由客户指定边缘云。

5.2.1.4 案例应用场景

场景1：5G+VR智能巡检系统研究与应用

通过搭建电站高清360°前端感知设备，使用5G网络将数据传输至后台管理系统，利用传感技术将视觉、听觉、触觉三大感知系统在虚拟世界中进行完全还原，利用VR技术将电站设备的多源信息进行归纳融合，通过三维建模结合上位机采集数据反馈至VR终端，打造不受空间限制的轻量化VR巡检终端，实现运维人员在远端通过VR设备即能对设备的运行工况进行巡检，当巡检到某一设备时，系统中会立体展现该设备的基本参数、运行数据、故障记录等信息，巡检人员可快速通过对比发现设备异常。同时VR巡检没有路线障碍，厂房内任何路线，任何设备都可以直接跳转，快速切换，在一个地点即可完成全场设备的巡检，降低运维人员劳动强度，提升巡检效率。

形成基于5G+VR技术的水电站远程巡检新模式。以电站5G网络全覆盖为基础，利用 5G 高带宽、低延时、大容量的特点，将三维建模与机组实时监测状态相结合，形成了基于 5G+VR 技术的水电站远程巡检新模式，实现了更安全、更高效、更全面、更便捷的设备巡检方式。5G+VR 智能巡检系统如图 5.58 所示。

◆ 图 5.58 5G+VR 智能巡检系统

构建沉浸式巡检模式有效打破巡检空间壁垒。巡检人员在应急指挥室即可通过 VR 系统对生产现场进行远程漫游巡检，厂房内任何路线，任何设备都可以直接跳转，没有路线障碍，也不存在无法巡查的地点，有效打破了现场巡检空间壁垒。

场景 2：5G+ 智能安全帽、安全哨兵一体化智能风险识别体系应用

通过研发智能监控、智能佩戴设备，融合 5G 技术，实现了 5G+ 智能安全帽、安全哨兵的安全管控一体化智能风险识别体系场景设计。通过研发智能安全帽，在安全帽上配置智能感知设备，并建立后台管理系统，实现人员身份识别、精准定位、视频监控、电子围栏、违章识别、自动报警提示等功能，通过佩戴者的视角实时拍摄周边环境、人员行为等，并实时上传系统，智能识别、预警摄像区域范围的安全隐患和违章行为，自动向相关管理人员及当事人发出预警信息，提醒当事人及时规避风险、纠正违章，有效预防事故的发生。依托 5G 网络，在作业现场布置安全监督移动电子设备和高风险作业视频监控装置，对重点区域、重点工作、重点作业人群开展不间断安全风险监督和预警，用先进手段实现对人员行为的高效监管，有效防范安全违章。

5G+ 智能安全帽、安全哨兵如图 5.59 所示。

◆ 图 5.59 5G+ 智能安全帽、安全哨兵

实现了"一对多管控和纠错及时性"的安全管控新模式。利用 5G+ 安全哨兵的模式，任何一个管理人员均可以通过远程视频对生产现场多个作业点进行实时管控，实现一对多的安全管控新模式。通过智能设备的实时预警功能，向相关管理人员及当事人实时发送现场安全隐患和作业人员的违章行为预警信息，提醒当事人员及时规避现场风险、停止违章行为，确保人身安全。

场景 3：5G+ 无人驾驶车辆管理系统研究与应用

采用 5G 技术、无人驾驶技术、云控技术等，搭建无人驾驶车辆管控系统，研究设计职工乘车、约车的管理流程策略，实现职工固定车辆和动态约车信息的实时共享，进一步提升车辆智能化调度，进而实现自动驾驶本地化的应用。同时开展车内安全带智能监测装置研发，确保乘客系上安全带，保障行车过程的安全。搭建基于 5G 的视频回传系统，保障管理员可以通过远程运维的方式实时获取当前的车辆状态，实现对整个行车线路的安全管控。

通过 5G 网络的特性，无人驾驶车辆管理系统预计可实现 500Mbps 下行峰值速率、100Mbps 上行速率、10ms 以内延时，从而保障数据的高效传输，提高无人驾驶的自主、自动能力，实现厂区内无人驾驶车辆的安全驾驶、科学调度和乘车共享。在厂区内研究部署无人驾驶车辆管理系统，有效避免交通运输中因驾驶员非规范行为导致的安全风险，并结合自动驾驶公交管控系统，极大提升厂区人员运输效率，实现车辆、乘客等相关信息的实时监控，有效提升了电站车辆管理的智慧化管理水平和交通安全等级。

5G+ 无人驾驶车辆管理系统如图 5.60 所示。

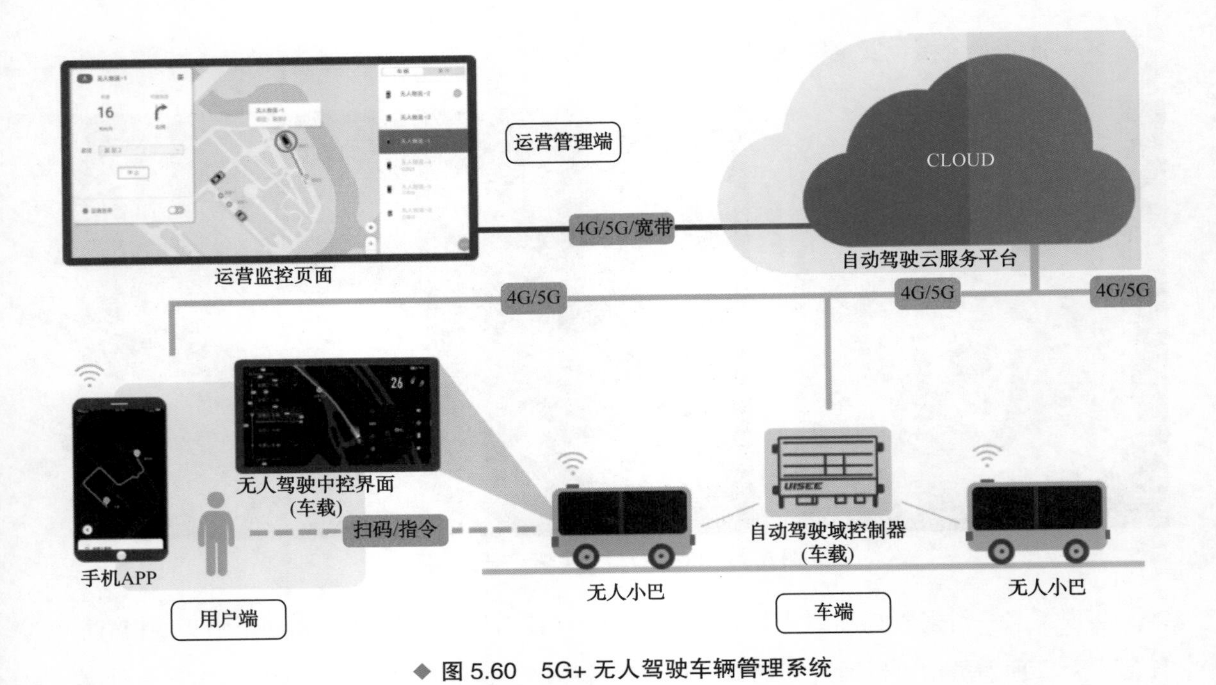

◆ 图 5.60 5G+ 无人驾驶车辆管理系统

5.2.1.5 案例主要成效

大岗山公司聚焦科技前沿先进技术，率先在生产区域部署了 5G 信息网络，搭建了电站海量业务信息数据的“大传输”通道，实现数据的快速、实时和高效传输，为大岗山水电站的数字化、智慧化转型发展提供了有力支撑。率先开展的水电站 5G+ 智能巡检、5G+ 安全哨兵、5G+ 无人驾驶车辆等智慧电厂业务场景研究与应用，开启了设备智能化远程巡检新模式，变被动作业监管为主动预警，实现了人员、车辆及其他资源更科学有效配置与调度，进一步增强了电站设备、人员、车辆等的智能化管理手段，提升了大岗山水电站智慧化管理能力，为 5G 在水电站领域业务场景研究设计、实践应用提供了有益借鉴和典型经验。

5.2.1.6 案例典型经验和推广前景

随着 5G 技术的成熟发展，充分运用其高速率、高容量、高可靠性、低时延与低能耗等技术特点，更好地赋能未来水电站高质量发展具有重要意义。本案例综合 5G 与 VR、视频分析、无人驾驶等先进技术的融合应用研究，增强了电站设备、人员、安全等的智能协同与联动，有效提升了水电站智慧化管理的水平，进一步驱动水电站由传统管理模式向数字化、网络化、智慧化管理模式创新变革，其 5G 技术场景研究设计可在行业内推广应用。

5.2.2 案例 2 大渡河瀑电总厂：5G+ 智慧水电厂协同技术研究与应用

5.2.2.1 案例概览

所在地市：四川省雅安市

参与单位：国能大渡河瀑布沟水力发电总厂

建设模式：自建模式

技术特点：开展了水电站全覆盖的5G独立组网工业互联网建设，对电站厂房及外围区域实现了5G网络全覆盖，探索了“增强型移动宽带、低时延高可靠通信、大规模物联网”等应用场景，充分利用5G技术广连接、大带宽、高速率、低时延、高可靠性等特点解决现场安全生产痛点难点问题。实现了基于5G设备的对讲平台搭建，也弥补了水电生产卫星电话应急通信方式单一的短板；结合5G通信技术、语义识别技术，实现两票全过程信息化管控。

应用成效：以电站全覆盖的5G独立组网工业互联网为基础，拓展了5G开发应用场景，提高了电站安全生产效率，成果显著：实现了基于5G设备的对讲平台搭建，也弥补了水电生产卫星电话应急通信方式单一的短板；结合5G通信技术、语义识别技术，实现两票全过程信息化管控，提升了安全生产精细化管理水平。

5.2.2.2 案例基本情况

国能大渡河瀑布沟水力发电总厂（以下简称“瀑电总厂”）是国家能源集团目前装机最大的水电厂，位于四川省雅安市汉源县和凉山州甘洛县境内，主要负责管理运营大渡河中游瀑布沟、深溪沟两座大型水电站，总装机容量4260MW，主要送电区为成都、川西北和川南地区。

瀑布沟水电站是国家“十五”重点工程和西部大开发标志性工程，是大渡河中游的控制性水库，是一座以发电为主，兼有防洪、拦沙等综合作用的特大型水利水电枢纽工程。该电站装设6台混流式机组，单机容量600MW，多年平均发电量147.9亿kW·h。水库总库容53.9亿m^3，具有不完全年调节能力。工程于2004年3月开工建设，2009年12月5F、6F两台机组投产发电，2010年12月6台机组全部投产。

深溪沟水电站位于瀑布沟下游14km处，为瀑布沟水电站的反调节电站。装设4台轴流转桨式机组，单机容量165MW。工程于2006年4月开工建设，于2010年6月27日首台机组发电，2010年11月30日第二台机组发电，2011年5月30日第三台机组发电，2011年7月4台机组全部投产。

数字化浪潮正席卷传统各行各业，逐步优化了各行业的生产工艺条件和生产流程。传统电力能源行业，紧跟时代发展步伐，正积极向数字化、智能化、网络化方向转型，实现传统电力行业向新型行业的转变。国能大渡河公司智慧企业建设已然成为行业标杆，瀑布沟电站作为大渡河公司智慧企业四大功能单元之一的智慧水电厂建设示范，“智慧水电厂模型”入选了国务院国资委十大现场管控模型。瀑布沟电站以“智能自主、人机协同”为建设目标，在智慧水电厂建设中大力开展5G工业互联网应用探索实践，利用5G高速率、低时延、大连接三大技术优势，探索一个“5G+智慧水电厂”的端、管、云、安新型网络空间架构，具备安全、高速、高效、稳定等特点，满足智慧水电厂调度、运营、生产、安全等管理需求，进一步提升水电数字化智能化能力。

“5G+智慧水电厂”框架图如图5.61所示。

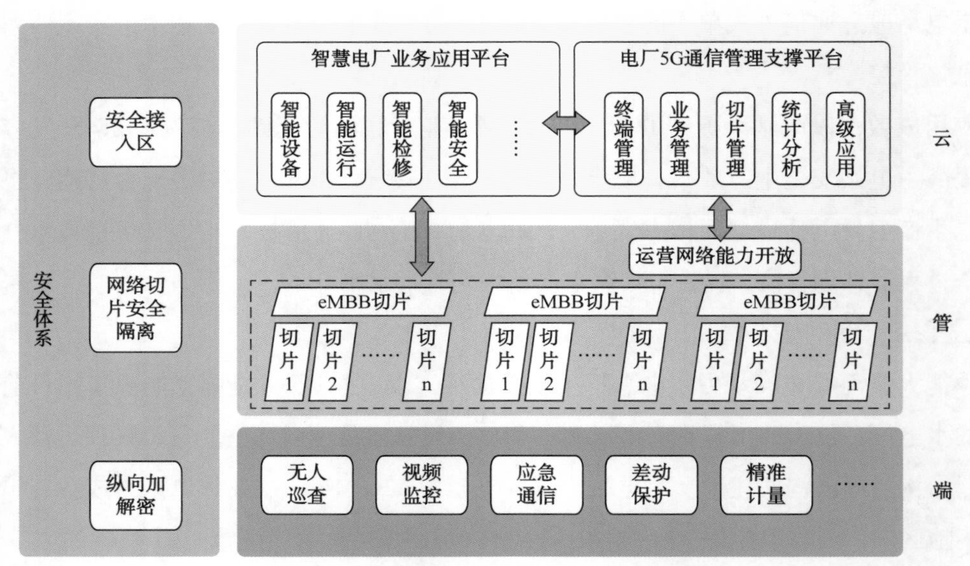

◆ 图5.61 “5G+智慧水电厂”框架图

5.2.2.3 案例技术路线及应用场景

1. 开展水电站全覆盖的5G独立组网工业互联网建设

瀑布沟电站率先在大渡河流域开展全覆盖式的水电站5G组网工程建设，探索“增强型移动宽带、低时延高可靠通信、大规模物联网”等应用场景，开展了全生产区域5G组网基础建设研究。

瀑布沟电站采用先进的5G SA（Standalone，独立组网）方式，整个网络结构主要分为3个部分：5G无线基站设备、SPN传输和5G核心网用户内网。瀑布沟厂房高区水池修建了专用的5G基站，与移动公司其他5G基站形成双向环网，再通过SPN传输接入厂房室内基带处理单元（BBU），瀑布沟电站共部署了2台室内基带处理单元（BBU）连接32台射频拉远单元（RRU）。射频拉远单元（RRU）连接分布式信号发射天线，达到生产区域5G信号全覆盖。所有设备连接均使用A、B双路由，两条专用网络通道互为备用，保障网络稳定性。

用户侧5G终端设备，使用移动5G专用物联网卡，在电站内5G环境下通过无线空口接入到“无线基站”数据接入点（可回落至4G以下使用），无线基站在接收指定物联网号卡用户数据后通过配置的专用网络通道传输（与公网隔离），将数据传送至专用下沉UPF。

安全方面首先是下沉UPF在与电厂内网对接区间配置安全防火墙，提升内网对接安全系数，其次是用户接入时配置的专用数据网络与专用数据传输通道，能够确保数据传输的安全可靠。

2. 基于5G设备的应急对讲平台搭建

在电站5G网络全覆盖的网络条件下构建了水电生产应急通信管理体系，总结了适应水电生产特点的物联设备接入方法，规划了集成的应急通信解决方案，实现了基于5G设备的对讲平台搭建，能够精准定位到设备位置和历史轨迹，建立了区域应急指挥监控系统，实现即时对讲通信功能，也弥补了水电生产卫星电话应急通信方式单一的短板，在深度应用中创造了通信价值最大化，激发了通信方式的多元化发展。

3. 基于5G移动通信技术的两票全过程信息化管控系统建设

本项目主要研究操作票、工作票（以下简称“两票”）智能管理，结合5G通信技术、语义识别技术，实现两票全过程信息化管控，主要对接集团ERP系统、厂内安全风险数据管控中心、智能ON-CALL系统、智能钥匙系统，通过两票电子化的方式实现对作业前、作业中、作业后的全维信息化管控。作业人员可通过支持5G的移动端（如Pad、手机）等获取电子化两票信息，实现相关作业流程的高效自动化管控，使现场作业更加安全、高效，全面提升电厂智能化管控水平。

5.2.2.4 案例主要成效

瀑布沟水电站地面地下厂房较远，结构复杂，空间较为分散，大量工作范围处于地下隧洞内，先天的通信条件较差。瀑布沟率先开展的5G独立组网建设，对电站生产区域全覆盖，构建了专用5G高速工业互联网，将全站所有生产区域有机连接不留死角，而且具备高速低时延的特点，为生产应急通信管理体系建设提供了高质量的通信基础，弥补了水电生产卫星电话应急通信方式单一的短板，提高了瀑布沟电站应急响应能力。若以避免一次因通信故障造成的机组事故处理时间延长2h为例，则瀑布沟1台机组满发情况下4h电量为4×600MW=240万kW·h，电价按照标杆电价0.2402元/kW·h计算，直接经济损失：240万×0.2402=57.648万元，经济效益非常可观。

基于5G移动通信技术的两票全过程信息化管控系统建设，建立了电子化操作票、工作票，实现对作业前、作业中、作业后进行全维管控与数据综合统计分析，减少误操作、误动设备的可能性，提高了现场作业的管控效率和精细度，同时也降低了作业风险，避免电力安全事故的发生，避免人身伤亡事件，具有明显的经济效益与社会效益。

5.2.2.5 案例典型经验和推广前景

随着5G技术的不断发展，应用场景也越来越丰富，瀑电总厂结合智慧电厂建设对5G技术进行了探索性的应用，认识到，“5G+智慧水电厂”即将来临，将对综合数据平台建设、区域一体化的水电集中管控、现场安全生产设备管控、作业人员管控等方面发挥积极作用，推进数字水电站的建设进程，将大大提高管理效率和管理质量。

5G网络作为信息时代下的新一代通信系统，具备可靠的网络安全能力，不仅能在水电厂深度应用，还能有效地推广至水风光一体化建设，具备较好的大数据复制性能，实现5G网在电力行业对传统控制网络的替代作用，实现电力系统网络变革与发展。

5.3 5G+新能源典型应用案例

5.3.1 案例1 江苏海上龙源风电：5G夯实海上风电安全生产通信基础

5.3.1.1 案例概览

所在地市：江苏省南通市、盐城市

参与单位：江苏海上龙源新能源有限公司、中国移动通信集团江苏有限公司南通分公司

建设模式：共建模式

技术特点：利用“通道+基站”互补的模式，联合开展5G网络基础设施建设工作，一是采用超远覆盖技术、环海扇面覆盖手段，最大程度提高5G网络的覆盖距离；二是借助SPN（承载）和OTN（光传送）技术，解决长海缆信号回传距离受限难题，将网络覆盖向海洋推进50~70km以上；三是采取“80m+25m”双平台安装模式，上下叠加形成信号互补，充分保障信号稳定。

应用成效：利用5G网络全覆盖的能力，一是有效提升机组日常检修维护工作效率，提高检修作业安全管理水平；二是打通海上通信网络生命线，切实为海上作业、生命救援等提供稳定高效的通信保障；三是极具社会效益，为海上渔民脱贫致富提供了强有力的保障，创造经济新动能。

5.3.1.2 案例基本情况

江苏海上龙源新能源有限公司成立于2010年3月，是龙源电力积极响应国家发改委加快海上风电开发号召，设立的专门从事海上风电开发、建设及运营的专业化公司，也是

江苏地区最早的海上风电开发企业，被誉为海上风电探路者。目前已在江苏海域建成 4 个海上风电项目集群，由南到北分布在如东、海安、大丰、射阳，共安装 6 座海上升压站，574 台海上风电机组，装机容量达 219 万千瓦。

海上风电在海上通信方面普遍存在以下痛点问题：海上风电场离岸距离较远，目前江苏沿海的风电场中心离岸距离约 5~80km，传统的海边陆地高塔方案投入成本极高、建设周期长且无法很好覆盖海上离岸 10km 以上的作业区。海上网络信号覆盖不足，同时海上其他通信手段（甚高频、卫星通信）有限且可靠性不高或使用成本偏高，如甚高频通信，目前多数船只船载甚高频建设现状不理想，在海上绝大多数时间处于失联状态，若在出海期间发生异常情况无法实时进行反馈。

针对海上风电所在海域无网络信号覆盖的情况，江苏海上公司除了在风机内部开展无线 AP 全覆盖工作以外，还与移动公司开展双向合作，向海上拓展，加快推进风电场所在海域 5G 网络基础设施建设工作，切实为海上作业、生命救援等提供稳定高效的通信保障。

截至目前已在风电机组、海上升压站平台安装部署 10 余个 5G 基站（700MHz），将 5G 信号向海外推进 50~70km。经测试，基站覆盖区域网络下行速率达到近 400Mbps，实现网络覆盖质量、下载速率双优的目标，切实解决了海上风电所在海域无信号的历史问题。

5.3.1.3　案例技术路线

1. 设计理念

由于传统移动通信网络都是建立在陆地基站的基础上，不能完全覆盖海洋，目前比较流行的几种方法是沿海高塔站、高山站和 Relay。沿海地面高架台站点需求数量多、建设成本高，且覆盖范围受到站点位置及海拔限制，难以大面积普及；由于地理条件制约，高山台不能充分应用；Relay 方案要求离岸海岛，受到环境条件制约，目前采用的是长途电话方式，稳定性还有待进一步检验。

鉴于上述情况，江苏海上龙源新能源公司与移动公司深入合作，开展 5G 网络基站建设工作。采用超远覆盖技术、环海扇面覆盖手段，最大程度提高 5G 网络的覆盖距离，单站可有效覆盖近 300km^2 海面，在覆盖风电场作业区的同时，借助 SPN（承载）和 OTN（光传送）技术，解决长海缆信号回传距离受限难题，将网络覆盖向海洋推进 50~70km 以上。同时，考虑海上风电实际情况，对安装在风电机组上的 5G 基站进行定制化改造工作，并采取“80m+25m”双平台安装模式，上下叠加形成信号互补，充分保障信号稳定。

除此之外，将移动网络复用给周围渔民，降低海上日常通信成本，体现两家央企的社会责任。

2. 近海 5G 网络部署方案

南通及盐城地区多为潮间带和滩涂，水下地形多变，海面缺乏标志物，受自然因素影响（怪潮、强对流天气、台风等），出海航行风险较高。传统海上作业人员通信主要采用卫星通信的模式，卫星通信成本高，卫星通信设备与日常使用手机不通用，在大规模部署的海上风电项目中会产生极高的运行成本。

移动 5G 网络支持 700MHz 与 2.6GHz 两个频段组网，其中 2.6GHz 频段可用带宽更大，可支持更大容量的并发通信，但覆盖范围小，更适用于城市和室内分布的应用场景中。700MHz 上行比 2.6GHz 高 12dB 增益，覆盖性能优异，建网成本更低。在海上风电项目中，通信并发需求低，覆盖范围要求高，且区域内信号遮挡很少，最适合 700MHz 组网模式，可极大降低网络部署成本和建设难度，更经济地部署海上风电 5G 网络覆盖。

3. 网络构架

江苏海上龙源新能源公司 5G 网络由海上升压站顶层平台（风电机组）运营商基站、海底光电复合缆（48 芯、96 芯等）、陆上集控中心运营商网络设备、运营商入站光缆（12 芯、24 芯等）几个部分组成。

本次 5G 网络建设是在江苏海上龙源新能源公司各风电场陆上集控中心与海上升压站（风电机组）之间的冗余独立光纤通道（两组）的基础上进行独立组网，相关网络通道及网络设备均独立使用，与站内内部网络存在物理上的明显分界点，且没有任何交互。

4. 项目特色

（1）共享共建的低成本海上 5G 覆盖模式

充分利用光电复合海缆传输通道的优势，江苏海上龙源新能源公司与移动公司开展深入合作，提出“通道 + 基站”互补的模式，开展 5G 网络基础设施建设工作，由该公司提供海底光缆、出海船只和海上站点基础维护，无须另行准备相应船只和光缆设施，建设效率高、成本低，可快速推广，其次本项目基站复用了冗余的海底光缆，大幅降低了 5G 基站的建设成本，同时相比于卫星通信，带宽使用成本大幅降低，且无须更换手机，使用成本大幅降低。

（2）5G 网络社会化的共建共享

在从脱贫攻坚到乡村振兴转型的节点上，近海 5G 网络全覆盖解决了沿海区域网络信号不足的历史性难题，发挥央企的先锋模范作用，积极为公共事业做出了自己的贡献。

5.3.1.4　案例应用场景

场景：5G+ 智能检修技术相融合

依托于海上 5G 网络覆盖，一是借助执法记录仪、移动布控球机等智能化设备，可以实现海上风电现场作业全过程无死角的实时把控。二是依托双向可视化语音对讲，可对现场作业遇到的各类疑难杂症进行远程诊断，提高风电机组消缺效率，大幅降低登机次数。三是针对风电机组叶片长期运行会出现油污、胶衣脱落、裂纹等问题，以往需要定期开展叶片定期巡视工作，单次出海成本较高，且无法实时动态跟踪设备，为此江苏海上龙源新能源公司拉通主机厂家与移动公司，以 5G 传输基站与“和星通”卫星宽带为媒介，指导主机厂家建设一站式监控平台，通过 PDA 进行设备巡检，现场即可对风机叶片、塔筒等检测数据与平台数据进行对比，提升故障检测与处理的效率。

5.3.1.5　案例主要成效

1. 经济效益

该项目为江苏海上龙源新能源公司与移动公司共建项目，江苏海上龙源新能源公司仅需提供海缆光纤通道及海上作业交通工具，投资成本极低。截至目前基于已安装的 5G 基站（700MHz），极大地提高了现场对海上作业的安全生产管控效率，实现了“小前方 + 大后方”技术检修路线，在缩短机组检修维护时间的前提下，还为海上作业的质量和效率提供了有效的支撑，进一步提升了机组可靠性，全年累计增发电量约为 0.5%~1%（电量收益约 200 万 ~300 万元）。

2. 环境和社会效益

随着 5G 信号的成功覆盖，为所有海上作业人员（风电运维人员、渔民、养殖户等）提供了更高效、更稳定的通信保障，遇险避难时可以及时发出求救信号，并依托于海上风电机组应急平台，为遇险人员人身安全提供强大的保障。目前依靠近海移动通信网络，已助力政府救出遇险渔民 30 余人，为渔业生产提供了极大安全保障。

近海渔业与海上风电区域高度重合，海上风电可以悄无声息地走进沿海渔民的生产生活中，输出绿色能源的同时，也默默改变着渔民的生活。随着 5G 信号的成功覆盖，渔民可以有效利用互联网的便利增加收入，改善生活。近海 5G 网络全覆盖给渔民送去了网络信号，让渔民可以在网上实时向买家发送鲜活产品，方便与卖家联系，提高水产品销量，增加渔民收益。

5.3.1.6　案例典型经验和推广前景

5G 基站在江苏海上龙源新能源公司各个风电场已成功部署，方案的合理性、适用性已经得到了充分验证。项目中5G网络部署采用的海底光缆共享模式大幅降低了5G网络建设费用和工作量，推动5G风电设备产量增长与成本降低。本项目在海上风电领域的探索，为海上风电发展提供了强有力的海上通信保障，并且具备很强的复制性，可在海上风电行业内直接复制应用，最终推动5G应用到更多风电及沿海行业场景中。

5.3.2　案例2　内蒙古蒙东巴音塔风电：5G+MEC网络覆盖及应用

5.3.2.1　案例概览

所在地市：内蒙古锡林浩特市

参与单位：神华（锡林浩特）新能源有限责任公司、中国联合网络通信有限公司锡林郭勒盟分公司

建设模式：租赁模式

技术特点：风电场站区5G网络无死角全覆盖，实现了时延小、无数据迂回，同时数据不出站区，保障数据安全，既能满足大带宽、高速数据传输要求，也能满足低时延、高可靠和数据安全的要求。具备数据分类、分析、挖掘、融合处理等功能，实现各系统之间数据的互联互通与融合共享功能及应用，满足高清视频回传、AR远程辅助、智能机器人等应用场景的网络需求。

应用成效：利用5G网络全覆盖的能力，开展风电场各业务场景应用，成效显著；实现了风电场升压站输变电设备在线监测系统部署及监测，推进和加速了公司标准化、电子化落地，有效提升了风电场定期巡检效率，提高了安全管理水平；建设5G+MEC生产控制辅助系统，将日常巡检、视频监控、智能分析与远程诊断等通过5G网络传输至数据服务器，构建5G+智慧风电应用新模式。

5.3.2.2　案例基本情况

国华投资蒙东分公司巴音塔风电场于2020年年初全面开工建设，2020年12月31日完成全容量225MW并网发电，安装75台3.0MW远景风电机组，1台容量为240MW220kV主变压器。

根据风电场建设区域和以往管理特点，主要存在以下问题：

（1）重要部位实时监控难。根据风电场升压站一次设备重要部位的工作特点，目前就定期对设备接头、发热部位等进行红外测温，无实时监控功能，不能实时有效地进行监控，对异常情况无法及时发现，存在安全生产隐患。

（2）通信信号差。由于风电场地处锡林郭勒盟草原深处，网络通信基站偏少和离场偏远，风电机组安装分散、路途较远，现场检修人员外出巡视、维护检修时，通信时有时

无，尤其在冬季人员存在失联冻伤的风险，同时也无法正常实现 ERP 系统信息化远程办公功能。

（3）智慧风电场建设意向。公司建设初期目标就是打造智能化、自动化以及现代化的智慧化风电场，不断推进 5G+ 技术新能源应用，后期风电场将进一步安装 5G+ 智能设备、5G+ 智能巡检设备等。

因此风电场建设初期就以创新驱动，塑造发展优势为重点任务，在设备采购阶段，提前布局，完成智慧化预算，为构建一个高效节能、绿色环保、环境舒适、智慧互联的现代化风电场设备设施基础提供了充足的基础保障。为打造高带宽，低时延的基础网络环境，巴音塔风电场结合基建时期已完善的网络环境布局，充分调研行业内 5G+ 技术新能源应用，完成了信号全覆盖网络基础可行性方案试验，确定了利用信息化手段助力数据实时传输，集中处理数据，搭建大数据综合治理平台的最终方案，成功迈出了“5G+ 智慧风电场”的第一步，为全面打造智慧风电场建设做好准备。

截至目前，风电场共建有 8 个室外 5G 宏基站、1 台 5G 网络服务器、2 套 MEC 边缘计算，通过场站 5G SA 自组织网络，实现了风电场场站和 75 台风机机位共 84km^2 5G 信号的高质量无死角全覆盖。

覆盖指标如表 5.2 所示。

表 5.2 覆盖指标

类别	技术参数
网络传输时延	建成后 5G 网络端到端传输延迟不超过 20ms，在基站切换区域切换时延小于 30ms，延迟抖动最大不超过 20ms
网络速率	建成后 3.5G 覆盖区域网络上行通信速率 110Mbps 以上、下行通信速率 500Mbps 以上，丢包率低于 1%
RSRP	RSRP>-100DBM 覆盖面积大于 95%

5.3.2.3 案例技术路线

1. 5G 基站建设

2022 年 4 月，按照 5G 网络全覆盖建设方案，结合场内地形图及设备覆盖能力，在风电场占地面积 84km^2 内 75 个点位风机中选取 8 个点位风机，在机舱安装 5G-2.1G-RRU 设备和天线，现场采用特制抱杆固定在风机机舱处过道地板上，天线固定在抱杆上，每个点位风机安装 3 组抱杆天线，成 120° 夹角辐射信号，RRU 设备、交直流转换器直接放置在机舱控制柜上，利用光纤从机舱通往风机塔基。塔基安装 8 个 5G BBU 设备，通过风机的环网连接到办公楼继电保护室中联通 5G 网络综合柜内的服务器上。实现风电场区、办公区等全域5G基础网络覆盖，同时建设2套MEC边缘计算（一主一备），将MEC下沉至场区，时延小、无数据迂回，做到数据不出场区，保障数据安全，既能满足大带宽高速数据传输要求，也能满足低时延高可靠和数据安全的要求。

本次5G网络建设运用SA方式进行独立组网，提供高速率、低时延、大连接的可靠网络，支持载波聚合、超级上行等上行增强技术，满足上行高速回传业务能力，主要包含5G无线系统、传输系统、配套系统三部分，各个系统相互协助配合，能够实现5G设备的正常运转及5G信号的接收、发射、传输和管理。

2. MEC建设

MEC是一个运行在移动网络边缘的、运行特定任务的云服务器，ETSI定义的MEC是在靠近移动用户的RAN网络中为用户提供基于IT架构和云计算的能力的平台。MEC是一个部署位置灵活的业务容器，可以部署在单基站、C-RAN和城域等位置。

MEC通过支持本地流量的分流LBO（Local Breakout），作为远端模块下移到边缘部署，满足远程控制、无人场站等场景本地分流的要求，生产数据经过下沉UPF，分流到本地的数据处理平台，完成对生产数据的处理，为风场提供低时延、高效地生产效率。

中国联通MEC软件平台可以提供用户自助服务界面，实现用户自助应用上传、自助资源监控和自助运维操作能力。

安装UPF服务器，主要功能是用户数据转发，负责用户面功能，包括分组路由转发、策略实施，流量报告等。

安装应用服务器MEP，提供第三方应用注册、发现、注销以及平台能力开放等，为风场提供远程控制功能。

3. 网络安全

巴音塔风电场5G网络覆盖方案中MEC设备应包含UPF设备及软件平台部署，其中UPF负责数据包的转发，实现计算功能所需的硬件及虚拟化操作系统等网络侧需求，实现专网客户业务流量与公网隔离，客户专网用户数据直接通过专网的传输链路到达MEC设备，传向客户服务器，做到数据不出场区，专网数据不经过公网核心网，网络边界采用安全设备隔离与防护。实现网络的鉴权，保障整个网络的安全性。实现专网隔离，包括无线网络隔离和核心网络隔离。

另外还配备一台防火墙，通过外置防火墙进行网络隔离和防攻击，提高风电场的网络安全。具体性能参数要求如下：

①防火墙吞吐量（1518/512/64-byte）：≥ 30/30/30Gbps；

②最大并发连接数：≥ 7500000；

③每秒新建连接数：≥ 210000；

④ IPSec 吞吐量：≥ 12Gbps；

⑤最大安全策略：≥ 40000；

⑥业务口：2×40G（QSFP+）+12×10GE（SFP+）+12×GE；

4. 5G 网络覆盖要求

蒙东巴音塔风电场目前已实现风电场区 75 台风机点位及场区范围 5G 专网信号全覆盖。经两阶段测试，覆盖信号时延小，无数据迂回，具备数据分类、分析、挖掘、融合、处理等功能，网络边界采用安全设备隔离与防护，网络数据安全得到坚实保障。

5.3.2.4 案例应用场景

场景 1：风电 5G+ 在线监测

在 5G+MEC 基础网络的基础上，风电场开展了输变电设备在线监测系统部署工作，建立智能化场站的统一输变电设备状态监测系统和标准开放的信息技术框架，规范输变电设备在线状态监测装置的数据处理、接入和控制，实现重要输变电设备状态和关键运行环境等的实时监测、预警、分析、诊断、评估和预测等应用功能，全面提供准确的标准化状态监测数据，为实施输变电设备状态运行管理提供坚强支撑。2022 年 7 月风电场在预试停电期间，在 220kV 架构区户外安装红外双光谱 8 寸球机，主要监测户外高压隔离开关、断路器、变压器等的实时温度情况；在 35kV 配电室高压柜内每个间隔安装噪声传感器、双光圈红外成像设备，在设备的关键测温点上设置实时测温点，发现异常情况及时进行信息推送；在高压无功补偿箱内安装双光谱 5 寸球机，支持温度异常报警功能，在探测温度区域中有超过预设温度时，可发出报警信号。本次利用 5G 网络在线系统的部署提高了设备的运行监测可靠性和有效性，为设备的安全提供了有力的保障，实现了重要输变电设备状态和关键运行环境等的实时监测、预警、分析、诊断、评估和预测，便于风电场快速做出应对措施。

◆ 图 5.62 输变电设备在线监控界面

输变电设备在线监控界面如图 5.62 所示。

场景 2：5G+ 信息化办公

风电场 5G 网络的全覆盖，进一步推进和加速了公司标准化落地，风电场将升压站一、二次设备日巡、夜巡，风电机组、箱变、集电线路巡视，设备轮换，安全工器具检查、防小动物检查、特种设备日常检查等进行了 ERP 系统信息化线上转移，实现了远程无纸化办公，增强了资料的安全性和工作记录填写的及时性，做到了随用随查。

5G 网络 ERP 系统巡视界面如图 5.63 所示。

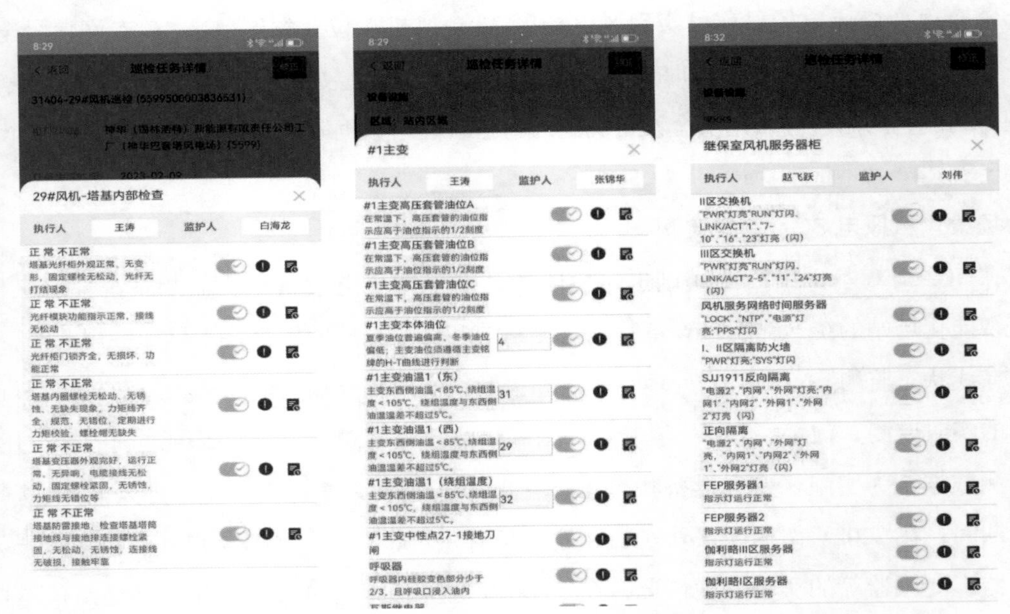

◆ 图 5.63　5G 网络 ERP 系统巡视界面

场景 3：5G 网络信号全覆盖

蒙东巴音塔风电场冬季属于极寒地区，最低气温可达零下 35℃以下，具有寒冷、风大，时常伴有风吹雪（白毛风），时间持续长的特点。风电场人员冬季外出作业或周边牧民外出活动时，由于普通信号不稳定，极易失去联系，给外出人员安全带来极大隐患，存在因大雪被困无法取得联系的风险。风电场的 5G 信号全覆盖，彻底解决了上述问题，消除了失联的风险，为风电场作业人员和周边的牧民人身安全提供了坚实的保障。

5.3.2.5　案例主要成效

1. 经济效益

基于 5G 网络全覆盖的能力，风电场积极开展各业务场景应用，实现了风电场升压站输变电设备在线监测系统部署及监测，推进和加速了公司标准化、电子化落地，有效提升了风电场定期巡检效率，提高了安全管理水平。同时输变电设备在线监测系统，全天候无死角对升压站重要设备的重要部位进行实时监测，及时发现异常情况，便于风电场快速做出应对措施，避免因异常或缺陷扩大未发现而造成故障等，影响设备发电。

2. 环境和社会效益

5G信号的覆盖，给蒙东巴音塔风电场周边26户牧民人家的生活带来了欢乐，地处草原深处的巴音塔拉嘎查的牧民，通过5G专网覆盖的信号过上了新生活，在放牧中随时随地聊微信、浏览新闻、观看视频，还实时了解活畜交易市场的收购动态和价格，生产生活都有了新的提升和质的飞跃。

5.3.2.6　案例典型经验和推广前景

风电场将依托现场部署的5G网络基础，继续推进智慧化风电场的建设工作。

（1）依托5G网络，建设电子围栏、智能安全帽、智能安全带、设备自动巡检（红外测温、可见光监测、继保室）、人脸识别（门禁系统）、健康监测、AI识别（三违识别）等智能设备严守安全底线，稳步推进安全管控体系升级，推动安全生产标准化建设不断迈上新台阶。

（2）利用5G无人机，开展风电场风电机组叶片、集电线路巡检，提高现场的工作效率和巡视质量。

（3）继续推进智能化场站建设，利用现有的网络基础，增加站区智能巡检机器人巡检工作等。

5.3.3　案例3　国华投资蒙西公司敖包风电场：5G-700M网络全覆盖

5.3.3.1　案例概览

所在地市：内蒙古巴彦淖尔市

参与单位：国华巴彦淖尔（乌拉特中旗）风电有限公司、亚信科技（中国）有限公司

建设模式：自建模式

技术特点：通过借助5G技术的高带宽、低时延、低功耗、高可靠以及万物互联的特性，搭建风电场复杂环境下的5G网络覆盖，实现风电场智慧巡检、智能安全监控、智能分析以及远程诊断等新兴功能，构建面向未来的智慧风电厂管理创新新模式。

应用成效：通过5G网络覆盖项目的实施，为远程运维技术支持、高风险作业实时监控、应急通信、人员定位、智能巡检等提供了网络环境，为管理模式创新和降本增效提供有效的实践证明。对无线链路进行完整性加密保护，以及为保障业务及数据传输安全等方面提供有效的实践支撑。为物联网下的智慧型风电场站建造进一步拓展技术思路，夯实技术储备。

5.3.3.2 案例基本情况

国华投资蒙西公司于2008年入驻蒙西地区，负责巴彦淖尔、呼和浩特、包头、乌海、鄂尔多斯、阿拉善六个地市新能源产业的开发经营。截至2022年底，公司并网装机容量124万kW（其中风电98万kW、光伏26万kW），管理发电场站15座（其中风电5座、光伏10座），建有橇装式加氢站1座，在建乌拉特后旗80万特高压风电项目预计2023年底并网发电。敖包风电场位于巴彦淖尔市乌拉特后旗乌力吉境内，赛乌素镇西北约70km的荒漠草原上，属于温带大陆性季风气候，有着丰富的风力资源。装机容量99MW，经一机一变升压为35kV后，以四回35kV集电线路汇流到220kV升压站，经一台100MVA主变，通过一条长度41km单回220kV国乌线并入220kV乌后旗开闭站。

由于风电场地处偏远，手机信号覆盖极差，人员外出检修无应急通信保障。且风电场信息化依托网络通信，5G智能设备应用需要底层网络支撑，网络通信能力直接影响风电场信息化水平。基于上述问题，在风电场中心位置的风机机舱外部署1个5G宏基站，借助运营商专线提供底层网络支撑，进而实现风电场范围5G信号覆盖。该模式具备的特点如下：

（1）通信与业务融合：提供从通信及网管的完整平台，为各业务应用直接提供标准化数据接口，满足信息化建设的要求；

（2）开放和无须定制：不需要特殊终端设备支持，减少生产人员现场作业的复杂度；

（3）满足行业、技术和宏观政策发展趋势：具备较好的技术扩展性，在实现更大数据的传输和满足更复杂的现场需求的同时，未来可延伸开展物联网传感设备的关联应用，可以提供无源、低耗和便捷的数据采集及传输方式；

（4）自主可控：知识产权自主可控，确保数据传输的安全；

（5）施工和运维最简化：部署建设周期短，后期运维简单。

5.3.3.3 案例技术路线

1. 基站规划

5G-700M一台基站开通后，根据覆盖场景，规划测试路线，进行绕站覆盖DT测试，记录测试log，分析测试数据获取RSRP、SINR、道路覆盖率。

2. 基础设施建设

本次5G网络覆盖部署室外宏基站1个，使用1台BBU和3台AAU。采用基带与射频单元相分离方式部署，基本单元安装在升压站通信机房，射频拉远单元部署在风机机舱。

将管理认证部署到5G核心网络中，在基站入核心网接口布置AMF以达到对终端用户接入时提供认证、鉴权功能的目的。

AMF之后部署UDM与SMF，UDM用来提供统一的数据管理，进行3GPP AKA认证、用户识别、访问授权等，通过对用户特征的鉴别，以达到阻止非授权用户的访问，SMF作为会话管理提供通信IP地址分配管理、策略实施和QoS控制等，对网络进行综合管理。

UPF将接受到的数据进行分组路由转发、策略实施、流量报告、QoS处理等，保证数据传输的合理性、有效性。

在出5G核心网后，通过部署防火墙、IPS入侵防御、日志审计、态势感知、安全准入认证等网络安全设备，对IP地址、服务端口进行数据包过滤、入侵病毒一键查杀、文件隔离、终端隔离等。即时地阻止一些不正常或是具有伤害性的网络资料传输行为。

在风机机舱，RRU及其配套电源模块一体化安装在一根竖杆上，如图5.64所示。

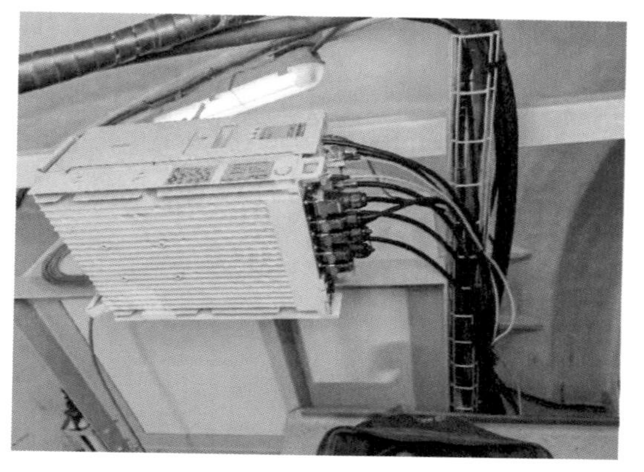

◆ 图5.64 RRU安装图

天线采用定制款4端口5G定向板状天线，采用与机顶传感器抱杆共杆方式安装，主机4根射频线穿出机舱外后，采用3个四功分器分线后与3副天线对接。

3. 工程参数规划

工程参数规划见表5.3。

表5.3 工程参数规划表

站点类型	700M	5G站名	35402、35309
5G站号		站型	S1/1/1
设备类型	AIR 6454 B41K	网络类型	SA
经纬度	35402（41.3914，109.3137）、35309（41.3830，106.3545）		
工程参数（5G）	扇区1	扇区2	扇区3
天线挂高/m	75	75	75
方位角/（°）	0	120	240
总下倾角/（°）	8	8	8

4. 无线规划参数

无线规划参数见表5.4。

表 5.4　无线规划参数

PLMNID	频点号	SSB 频点	子载波间隔	PCI	带宽	TAC	时隙配比	SSB 周期
46000	28	154090	15kHz	639	30	1		20ms
46000	28	154090	15kHz	638	30	1		20ms

5.3.3.4　案例应用场景

场景：5G+ 智慧运营平台

国华投资蒙西公司智慧运营管理系统以资产模型、设备台账为基础，以业务工单的创建、审批、执行、关闭为主线，合理、优化地安排相关的人、财、物资源，记录企业全过程的维护历史活动，支持工单管理、外委管理、文档管理、安全隐患管理、知识技能提升，可持续地改进、固化和优化公司的生产运行管理方法、工作流程和工作标准。同时，可与集控和健康管理系统集成，将传统的被动检修转变为积极主动的预防性维修。基于 5G 网络，现场运维人员可利用手持终端线上快速完成线上工作票办理、工单派发流转、工器具领用及门禁授权等工作任务流程，提高风电设备可用率和运行维护管理水平，为风电场的正常运行和管理提供技术保障。

智慧运营管理系统提供全面的业务管理领域，包括工单管理、违章管理、设备管理、生产记录管理、安全管理、物资管理、文档管理、考试培训管理，系统功能结构如图 5.65 所示。

5.3.3.5　案例主要成效

1. 经济效益

（1）安全监督人员的费用节约

能够提升电站安全监督人员的工作效率 25%，安全监督人员年平均支出为 8 万元，即在不增加新的安全监督人员的情况下，提高了安全监督覆盖率，预计每个电站至少可节约支出 2 万元。

（2）专家远程指导费用节约

以前对于相对复杂的检修问题，需要分公司或厂商专家到现场指导，不仅增加了差旅费用，而且在路途上浪费了专家大量时间，通过本项目成果，预计可节约差旅费 60%，提升专家效率 50% 以上，以每个电站配备 1 名专家支持为基准，每名专家平均薪酬支出 15 万元、差旅费用 3 万元计算，每电站合计节约成本（15 × 50%+3 × 60%）=9.3 万元。

（3）提高培训水平，显著提升员工的运营能力

可支持现场运维人员与远程专家的实时互动，进而实现本地化培训，极大提升员工

◆ 图 5.65 智慧运营系统

的专业技能水平。系统可在每次在线检修、维修的过程中记录大量的影像资料，形成实操培训材料，无论是新员工入职培训还是在职员工职业培训进阶，都是非常好的工具，相当于每人每年节约 5000 元培训费，按该风电场运维人员 12 人计算，预计每年节约培训费 6 万元。

（4）提升设备检修维护效率，减少停机损失

风电场普遍占地面积大，内部检修道路相对较长，加上风电机组微观选址、车辆行驶安全限速等因素，检修人员在风电场检修道路往返行驶时间约占整体故障检修时间 40%。利用 5G 网络全覆盖的能力，实现检修人员线上远程办理 ERP 检修工作票以及智慧运营系统检修工单，有效提升机组临时检修效率。根据 2022 年机组故障检修时长及损失电量测算，每年约可缩减检修时长 341h，减少损失电量 51.15 万 kW · h，争取电量利润约 26 万元。

2. 环境和社会效益

社会效益方面，项目紧跟时代潮流，把握行业趋势，构建数字化风电站，助力国家大力推进风电互联网、数字化转型，提升国家风电竞争优势。通过5G无线网络的搭建，可以提升企业在行业中的影响力，进一步提升风电站现场运维工作效率，加强现场安全管控，真正实现降本增效，推动行业发展，促进地方经济发展。实现全场站的无线高速覆盖，打造风电发电行业的智慧化建设标杆；实现远程运维，提升生产效率，推动风电发电行业的可持续发展；能够大幅降低安全生产事故，实现生产过程零伤亡；实现远程应急指挥，促进企业从上到下无延迟联动机制。

3. 成果奖励

该项目正在组织申报内蒙古电力行业相关奖项申请。

5.3.3.6 案例典型经验和推广前景

新能源场站普遍存在现场网络信号较差的情况，从安全角度出发，以700MHz频段工业5G技术为基础，逐步推广风电场信号覆盖。新建场站建议优先配置5G设备，并结合数字孪生关键技术，提升企业信息化、智慧化水平。5G技术下的衍生应用开发前景广阔，极具研究性，在新能源行业开展5G应用开发，通过5G技术来推动新能源行业管理模式的变革。

5.3.4 案例4 国能宁东新能源有限公司：5G专网+智慧应用光伏发电

5.3.4.1 案例概览

所在地市：宁夏回族自治区银川市

参与单位：国能宁东新能源有限公司、中国电信股份有限公司银川分公司

建设模式：租赁模式

技术特点：打破传统的以有线数据传输为主的运维模式，以大数据、云计算、5G通信等信息技术为底座，通过高速率、大带宽、低延时的5G技术，进行实现无人机巡检、智能调度，同时根据光伏基地实际情况，打造安全可靠稳定的5G+边缘计算+智能光伏运维模式，实现数字设计、智慧运维，远程监控、少人值守，多能互补、低碳高效。

应用成效：发挥5G网络超高带宽、超低时延、超大规模连接的优势，承载光伏基地更多样化的业务需求，尤其是其网络切片、能力开放两大创新功能的应用，改变了光伏基地传统业务运营方式和作业模式，为光伏基地打造定制化的“行业专网”，更好地满足光伏基地业务的安全性、可靠性和灵活性需求，实现差异化服务保障，进一步提升光伏基地对自身业务的自主可控能力。

5.3.4.2　案例基本情况

国能宁东新能源有限公司于2022年5月18日注册成立，由国家能源集团宁夏电力有限公司新能源分公司按照国家能源投资集团有限责任公司和国家能源集团宁夏电力有限公司"车间制"指导意见，实行"车间制"运营模式管理。

国能宁东新能源有限公司负责建设与运营"国能宁东150万kW复合光伏基地项目"。该项目由国家能源集团宁夏电力有限公司投资建设，该项目是《生物多样性公约》第十五次缔约方大会（COP15）领导人峰会上宣布的近期开工建设的首期1亿kW大型风电光伏基地项目之一，是目前国内投产的单体规模国内最大的集中式智慧光伏示范样板，打造单体规模国内最大的"光伏+生态治理"示范项目，打造单体规模国内最大的光火储一体化外送示范基地。

该项目充分利用宁夏宁东能源基地丰富的光照与煤炭备采区、采空区、沉陷区及荒山荒坡土地资源建设光伏电站，有利于提高矿区土地保水率和植被生长率，有效助力矿区生态环境改善与荒漠化土地治理。项目以大数据、云计算、5G通信等信息技术为依托，以无人机巡检系统、自动清洗系统、智能故障自诊断系统等智能设备为支撑，实现数字设计、智慧运维，远程监控、少人值守，多能互补、低碳高效。

光伏发电厂普遍存在以下生产管理痛点问题：

（1）数据传输灵活性差。数据通信大多采用有线传输方式，在灵活性、可延展性方面存在很多弊端，对于可移动式的运维方式无法保证数据有效传输，从而很多新兴技术如无人机、智能巡检终端等智能运维手段无法在光伏电厂使用。

（2）运维成本高、效率低。光伏基地占地面积约4万亩，人工巡检将消耗大量人力，运维成本高，漏检率高，工作量大，效率较低。

5.3.4.3　案例技术路线

1. 网络架构

根据光伏基地网络需求，独立建设包含无线、传输、核心网端到端的5G SA专网。

2. 5G网络覆盖要求

对国能宁东150万kW复合光伏基地进行5G网络覆盖，同时开通4G网络和5G网络，在满足4G网络需求的基础上，通过5G赋能智能电网的快速发展。

根据光伏基地的整体覆盖需求及应用需求节点分布情况在光伏基地附近合理部署5G基站。具体部署采用在光伏基地内利用原有建筑架设屋顶抱杆，同时在光伏基地周边部署落地铁塔的方式。

共计部署 5G 基站 15 个，用于国能宁东 150 万 kW 复合光伏基地 5G 网络覆盖。

3. 网络安全

（1）数据安全

①数据传输加密保护通过 IPSec 实现端到端加密及分段加密方式实现。

② UPF 通过 ULCL 本地分流措施，以及防火墙白名单限制，实现业务数据流量本地闭环，同时禁止 N6、N9 接口向外放通，防止数据出园。

③绑定 DNN 对应部署的 UPF，实现终端数据只在基站、承载、UPF 和内部网络之间流转，形成一个本地的专用通道。

④管理面运维数据传输保护，采用 HTTPS、SFTP、SSH 安全加密协议。

⑤传输信令保护，宏站到 5GC 之间 N2 信令数据启用 DTLS 加密协议及采用三层 IPSec 加密方式。

（2）切片安全

网络安全隔离基于 5G 端到端网络切片实现，具体包括无线网切片、承载网切片和核心网切片三部分。三部分分别采用不同的切片技术方案，同时进行前后衔接，形成端到端的切片通道，整体方案架构设计如图 5.66 所示。

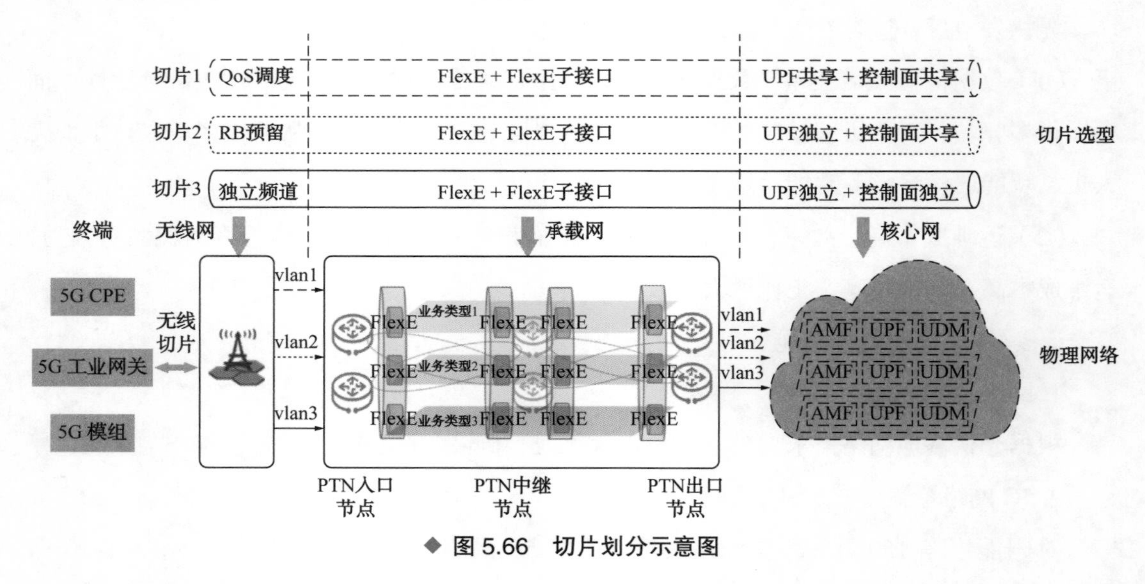

◆ 图 5.66 切片划分示意图

（3）边界安全

针对 5G 网络，实现等保 2.0 规范要求，建设边界安全防护，确保 UPF 边界都做好安全措施，保证运营商和企业的边界隔离。

针对 UPF 设备提供主备设备的部署；同时部署的防火墙采用双设备提供 UPF 设备的

安全性，实现运营商数据的全量隔离；采用口字型部署，物理连接采用旁挂方式，逻辑路由采用串行。

UPF 通过划分不同安全域、分层安全加固防护以及 UPF 内生安全与大网安全联合提供防护，构建 UPF 的安全架构。

① UPF 通过不同安全域，使得数据面、信令面、管理面互相隔离，避免互相影响。

② UPF 基于硬件资源层、平台层、数据层及应用层进行分层安全加固防护。

③操作系统安全、数据安全、访问控制、接口防护、内生 DPI、信息采集、病毒防护、安全事件管理及容灾备份等安全措施；大网安全主要提供：移动恶意程序监控、移动上网日志留存、统一 DPI 等安全措施。

4. 基于 5G 网络的智慧化应用

国能宁东复合光伏基地利用 5G 网络大带宽、低时延的特性，实现数字化管控，利用 5G 网络的便捷性部署 5G 个人可穿戴设备，完成发电厂的监控及应急覆盖。

5G 业务架构图如图 5.67 所示。

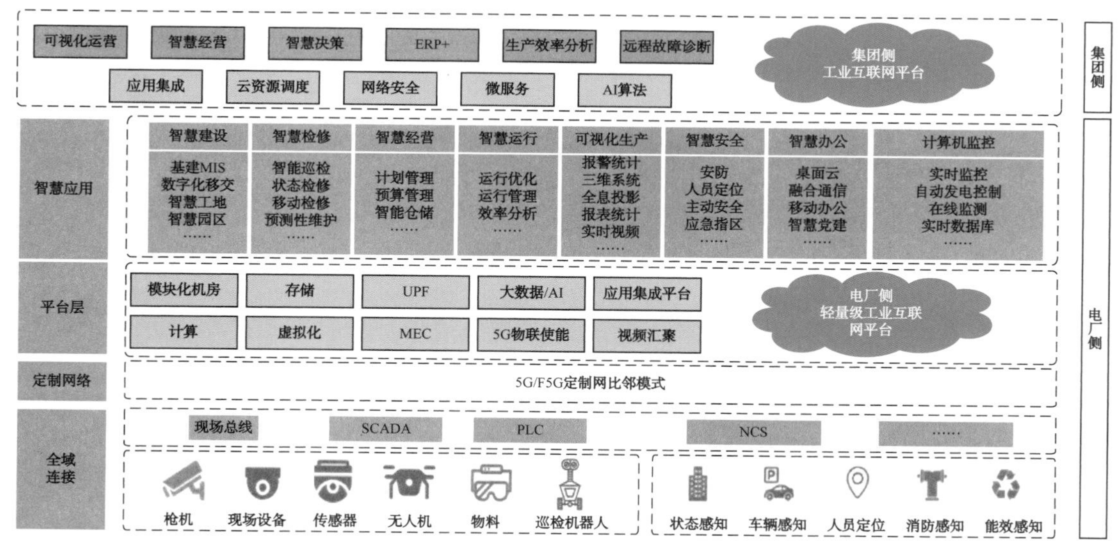

◆ 图 5.67 5G 业务架构图

5.3.4.4 案例应用场景

场景 1：5G+ 无人机智能巡检

针对光伏电站占地面积广，人工巡检难度高、漏检率高且不安全巡检远程化、批量化、自动化；巡检范围广，巡检频次高；工作量大、工作环境恶极端温度，个别场所属于高危地点、巡检一致性较低等一系列堵点难点问题，以 5G 网络 + 边缘计算为切入点，重点聚焦 5G 专网、无人机巡检应用场景，基地采用了基于 5G 网联无人机的 AI 光伏巡检，通过 5G+ 无人机智能巡检系统的支持，推动 AI 控制 + 无人机全自动机场 +AI 热斑分析 + 故障精确定位，巡检策略灵活配置调节，实现从“手持设备巡检”到“无人机自动巡检”转变，节省人力，巡检的一致性更高，频次更多，特殊时期可对巡检频次及巡检内容进行灵活调整配置，极大地提高了光伏巡检效率和巡检质量。

无人机管控平台如图 5.68 所示。

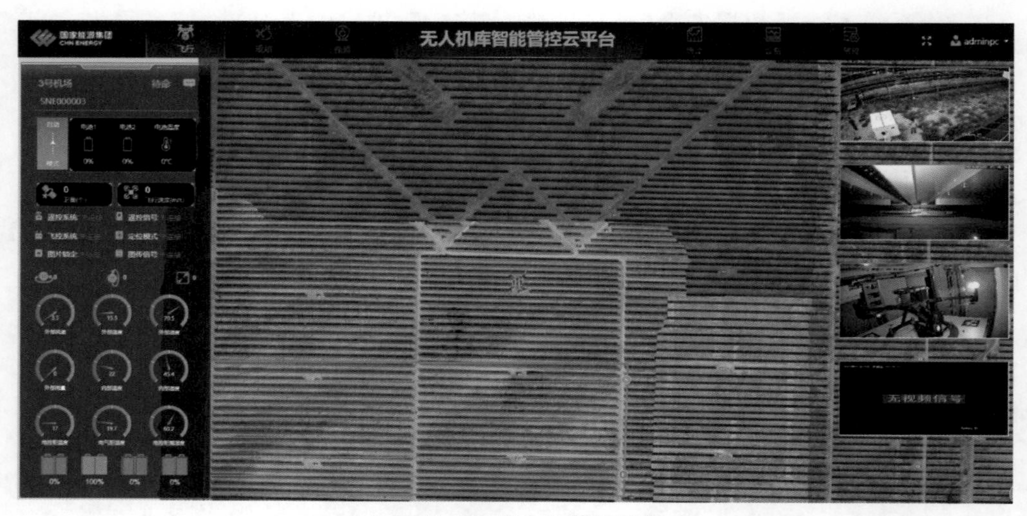

◆ 图 5.68　无人机管控平台

5G+ 智能安全帽（图 5.69）功能如下：

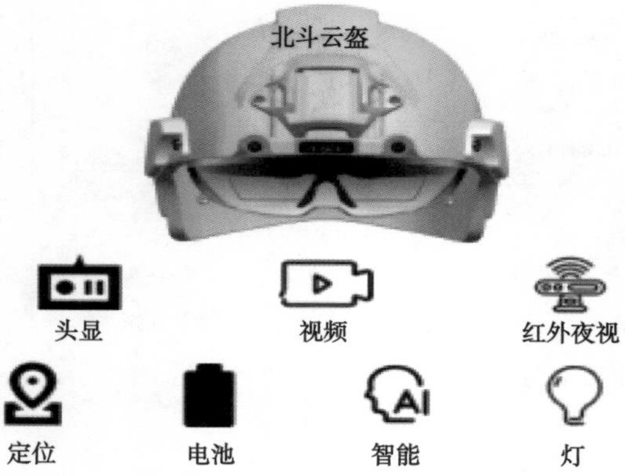

北斗云盔
头显
视频
红外夜视
定位
电池
智能
灯

◆ 图 5.69　5G+ 智能安全帽

场景 2：5G+ 智能穿戴式设备巡检

光伏基地占地面积约 4 万亩，巡检人员的安全及巡检轨迹较难管理，利用 5G 网络的智能头盔巡检系统，实现前端现场作业和后端管理的实时联动，信息的同步传输、存储与分析，解放双手、快速解决问题、极大地提高工作效率。

图像采集：实现高清视频采集，可实时视频分发、传输。

语音交互：内置高领命麦克风及大音量喇叭、实现语音双向通信。

5G 传输：实现手机、电脑的远程监控和通信功能。

人员定位：支持北斗实时定位、方便人员灵活调配及时排障。

场景 3：5G+ 光伏智能监控

5G+ 光伏智能监控技术，利用 5G 网络 + 智能传感器和无人机等设备，实时监测环境状态，如光照、温度、风速等，实现光伏电站的智能化监控，为监控提供低延迟和高可靠性保障。实时监测光伏电站的运行状态，预测可能出现的故障，并提前采取措施进行修复。快速反应并调整运行策略，确保电站的高效运行，为电站的安全稳定运行、风险预控提供技术基础。

5G+ 光伏智能监控如图 5.70 所示。

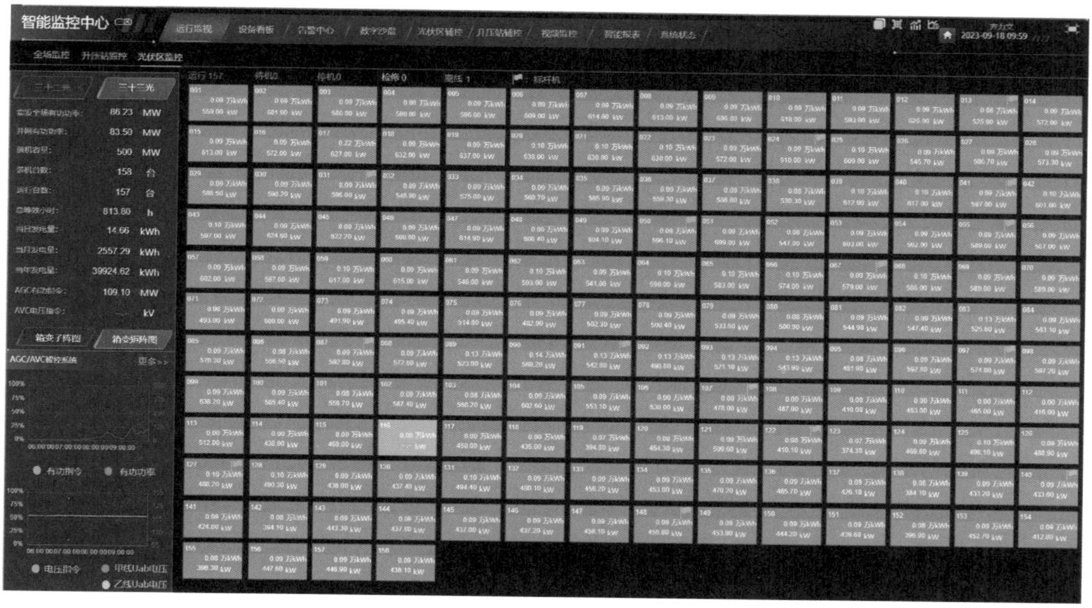

◆ 图 5.70　5G+ 光伏智能监控

场景 4：5G+ 光伏电站智慧运维

光伏运营已进入平价时代，通过运维提高光伏电站收益的重要性日益凸显，传统运维的低效及高成本已不能满足运维工作需求，伴随人工智能以及大数据分析技术的快速发展，光伏电站运维进入到智能化阶段。基于此，通过 5G+ 物联传感 +AI 技术、大数据技术，以光伏电站大量故障信息及其产生原因为基础数据，进行模型训练，建立新能源电站常见告警信息及产生原因模型库。利用智能搜索及推理技术，对电站的实时运行数据及历史数据进行全面分析，及时获取各电站的隐藏故障并进行告警提示。主要包括数据越限，设备告警、设备故障、亚健康设备等。实现智能化的数据采集、实时智能故障告警、自动创建并分派缺陷、智能趋势分析，全方位对标，有效地减少了电量损失，降低了运维成本，规范了电站管理、提高了电站运营水平，最终实现电站的高效运维和效益提升。

5G+ 智慧光伏运维如图 5.71 所示。

◆ 图 5.71　5G+ 智慧光伏运维

5.3.4.5　案例主要成效

1. 经济效益

基于 5G 专网网络全覆盖的支撑，以 5G 通信等信息技术为底座，开展无人机巡检系统、智能监控系统等应用，根据光伏基地实际情况，建立安全可靠稳定的 5G+ 边缘计算 + 智能光伏运维模式，降低人工巡检的劳动强度，避免巡检运维人员在恶劣环境下长时间工作，可减少 50% 以上的人工巡检次数，减少人工运维成本及检修费用，每年约节约 130 万元。在一次性网络的建设投资方面，5G 网络的投资比沿用无线传统建设方式共计减少约 1000 万投资成本。

2. 环境和社会效益

在光伏发电方面，5G+ 智慧应用技术的应用是近年来电力通信网的重要发展趋势，将改变光伏基地传统业务运营方式和作业模式，为光伏基地打造定制化的“行业专网”服务，更好地满足光伏基地业务的安全性、可靠性和灵活性需求。

5.3.4.6　案例典型经验和推广前景

5G 网络在 GW 级光伏基地的应用，对光伏发电智慧化应用有着重要意义。通过建设光伏基地范围内的 5G+ 智慧应用场景，可以为行业提供示范案例。

CHAPTER 第6章 SIX

总 结

5G 作为新一代通信技术，其大带宽、低时延、广连接等特征高度符合智能电站的通信要求。发电企业开展新型数字化基础设施建设，部署 5G 专网，成为电厂保障安全生产、提升生产效率的必要技术手段。随着 5G+ 智能电站各业务场景的建设和应用，增强了电站设备、人员、安全等的智能协同与联动，有效提升了电站智慧化管理水平，进一步驱动电站由传统管理模式向数字化、网络化、智慧化管理模式创新变革。

本书对国家能源集团发电企业 5G 建设的技术路线和 5G+ 智能电站典型应用场景提出了指导性意见。其中技术路线主要对自建或租赁建设模式的选择，5G 网络架构的组成，逻辑切片和硬切片使用场景，宏基站和室分基站的部署方式等提出了具体建议。并从终端接入安全、传输安全、核心网安全、接入边界安全、安全管理五大方面对 5G 网络安全提出了建设要求。另外，本书从控制系统、设备运行、安全应急、智慧管理四大领域详细列举了 20 余个 5G+ 智能电站典型应用场景，供 5G 建设企业参考和借鉴。

“5G+ 视频监控”“5G+ 智能巡点检”“5G+ 机器人”“5G+ 人员定位”“5G+ 智能检修”“5G+AR/VR”等典型应用技术较成熟，已在发电企业得到广泛推广和应用。“5G+ 无人盘煤仪”“5G+ 无人光伏清扫机器人”等辅助生产控制系统也有少量应用，但 5G+DCS 主机控制仍处于初步探索阶段，5G 建设企业可根据自身情况选择性建设和研究。

相信随着 5G 技术的不断发展和电力企业不断的探索和实践，智能电站 5G 业务应用场景会越来越丰富，5G 网络在发电企业地位越来越突显，更将有力促进电力企业传统网络变革与发展，为智能电站建设发挥更大的作用。

今后，国家能源集团将继续推动基于 5G 通信的工业控制与监测网络的升级改造，实现生产控制、设备运行、安全应急、智慧管理等典型业务场景技术验证及深度应用，加快各发电企业数字化转型，助力国家能源集团一体化数字化智能化建设。

附　录

5G 与 4G、WiFi 技术对比

1. 5G 及 WiFi6、4G 简介

5G 是由 3GPP、ITU-T 等组织主导的第 5 代蜂窝移动通信技术。与以往 2/3/4G 不同的是，5G 标准设计之初就针对 5G ToB 场景需求，其增强移动带宽（eMBB）、超高可靠低时延特性（uRLLC）及海量机器类通信（mMTC）业务，在行业中具有广泛的应用前景。目前主要是采取行业专网的部署方式进行落地，包括纯切片式的虚拟专网、部分共享公网资源的混合专网以及完全独立物理资源的独享专网三种组网形式。

4G 网络是第四代移动通信技术，采用了 OFDMA（正交频分多址）技术和 MIMO（多输入多输出）技术，能够实现高速的数据传输和多用户同时通信。它引入了 LTE（长期演进）技术，通过优化网络架构和信号处理算法，提高了网络性能和效率。并能够快速传输数据及高质量音频、视频和图像等。4G 能够以 100Mbps 以上的速度下载，4G 移动系统网络结构可分为三层：物理网络层、中间环境层、应用网络层。

WiFi6 是由 WFA、IEEE 等组织主导的第 6 代无线局域网技术。其工作在 ISM（Industrial Scientific Medical）非授权频段上。WiFi6 主要承载有一定时延容忍度的 4K/8K 等大宽带视频、智慧家庭智能互联、非移动状态下的移动办公等业务。在 ToB 行业领域，WiFi6 主要作为企业办公网络，同时也扩展至部分对移动性不高的生产网络。

2. 5G 与 4G 技术对比

对比项	5G	4G
用户体验速率	0.1~1Gbps	10Mbps
峰值速率	20Gbps	1Gbps
流量密度	10Tbps/km	0.1Tbps/km
空口时延	1ms	≥ 10ms
移动性	500km/h	350km/h
基站覆盖半径	2.6~5GHz 高频段：300~500m 700MHz 低频段：3000~5000m，甚至超过 20km	1200~1300m
单基站连接能力	≥ 10 万	≥ 1 万
应用场景	可用于高分辨率视频流，车辆、机器人、医疗及工业领域的远程控制	主要用于高速应用、移动电视、可穿戴设备
建设和运维成本	高	较高

通过上表对比，5G 相对 4G 有更大的带宽、更高的速率和更低的时延。应用场景更丰富，且覆盖半径能满足不同应用场景需求，但建设成本相对较高。4G 主要应用于对网络速率、时延要求不高的如智能穿戴设备、智能点巡检、调度通信和少量数据采集等业务应用场景。不适合高清视频、远程控制、超密集传感器数据采集的应用场景。

3. 5G 与 WiFi6 技术对比

对比项	5G	WiFi6
移动性及漫游性能	移动性强，跨小区连接速度快，可实现跨小区网络无缝切换	跨小区移动时断线需重新接入，建立连接慢，切换时延达 1.23s，且存在丢包现象
基站覆盖半径	300~500m	100~200m
峰值速率	20Gbps	9.6Gbps
时延	1~20ms	＞ 100ms
网络质量保障（调度及 QoS）	通过切片、资源预留、预调度保障 基于优先级和信道质量等维度的综合调度，可满足更优先级业务和 VIP 用户体验	先到先得，侦听等待，无法区分业务和用户优先级，无法实现切片级精准控制或限流
安全性	双向加密认证，256 位密钥，安全性较高	WPA3，196 位密钥，安全性较 5G 稍低
单设备用户接入能力	RRC 连接用户数 1200，激活用户数 400	理论接入 200 用户，超过 50 干扰严重，网络不可用
小区间干扰控制能力	强	弱
建设和运维成本	高	低

通过上表对比，5G 和 WiFi6 在漫游性能、多用户接入、抗干扰、专网质量保障等方面存在较大的性能差异。WiFi6 主要应用在可以快速地建立企业自有网络，可以快速根据业务变更构建需要的网络结构、满足企业定制化需求的场景。例如：企业办公、学校学生上网等。WiFi6 除了满足传统 WiFi 的场景外，还可以用于企业 VR/AR/4K 应用、仓储物流 AGV、商超工厂资产管理的 IoT 等场景。5G 主要以公网为主，应用在对漫游、时延有极高要求的场景，例如自动驾驶、无人机、城市覆盖实现个人网络访问、工厂超低时延（<10ms）要求的场景。

WiFi6 终端在跨 AP 切换时会导致较大时延和丢包。在发生 AP 漫游切换时，时延最大超过 1s，丢包达 1%，无法保障远控业务的稳定运行。由于 WiFi6 使用公共频段，易受干扰，多用户的竞争接入、相互冲突导致性能和稳定性难以提高，造成空口延时大、网络吞吐量急剧下降等问题。

4. 智能电站业务场景的无线接入技术选择建议

综上分析，WiFi6 现阶段建议应用在：（1）室内固定场景；（2）小范围移动不发生 AP 漫游切换的场景；（3）自身有网络容错、对时延丢包不敏感的业务场景。如风塔内的固定或低移动性场景视频监控、智能设备巡检、AR/VR，或办公环境的移动办公等。

4G 现阶段建议应用在：（1）覆盖面积广且速率要求不太高；（2）时延要求不高的智能穿戴设备；（3）少量数据采集场景。如风电场或光伏发电的无人机巡检、智能安全帽等智能穿戴、AR/VR，以及智能电表或智能热表等少量设备的数据采集和对带宽要求不高的调度通信系统。

5G有着高带宽、低时延、大容量的优势，主要应用在对带宽要求较高的智能视频，对时延要求高的电厂控制系统，以及接入数量要求较高的大量传感器接入场景。如在发电企业可以通过5G实现高清摄像头的接入及智能分析、生产设备的远程控制、海量传感器的接入以及语音、视频和对讲的融合调度通信。满足当前及未来很长时间智能电站的基础信息承载要求，大幅减少多网运维和网络升级带来的频繁调整等网络运维工作。